U0051779

HANDY
• EVERYDAY •
BAGS

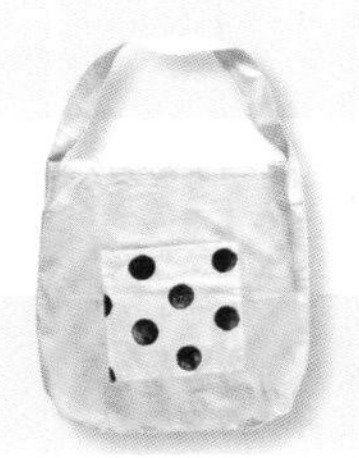

HANDY
• EVERYDAY •
BAGS

HANDY
• EVERYDAY •
BAGS

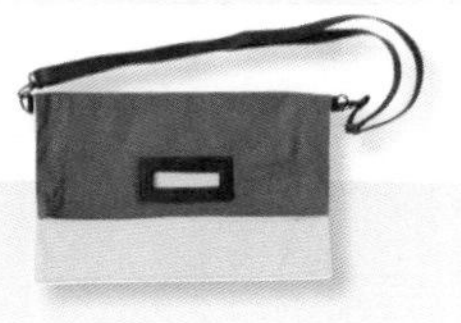

もりのがっこう（森林學校）是由手作市場出發，
製作包包及衣服的品牌。
我將「包款簡約，長久愛用」奉為座右銘，
依自我堅持，製作出每一個包包。

即使想要保持時尚美麗，
但每天被工作及育兒追著跑，
幾乎沒有時間好好穿搭。
這時，若有能搭配任何衣服的包包，會讓我感到很安心。
本書將介紹許多萬用包款，
成立もりのがっこう之後的暢銷人氣包：「圓滾滾後背包」「圓滾滾波奇包」，
再加上新設計的包款。
每款都是在簡約設計中帶有許多巧思，讓包包更實用的作品。
希望每個包包都能成為讓大家持續使用的好用隨身包，
能看到大家擁有自己的愛用包，是我最開心的事。

もりのがっこう
後藤麻美

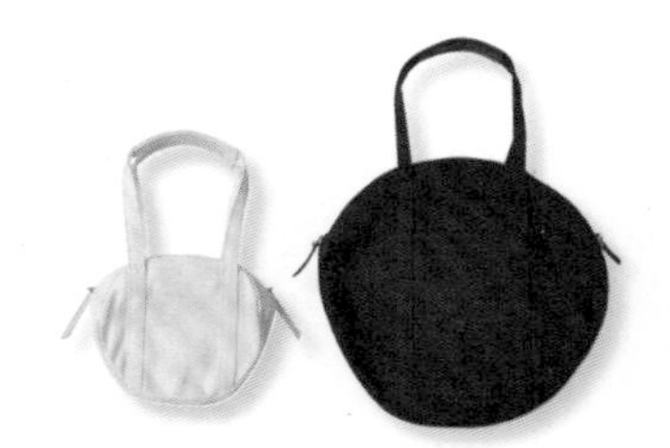

HANDY
EVERYDAY
BAGS

好穿搭！

減壓手作隨身包

もりのがっこう
後藤麻美◎著

もりのがっこう's BAGS

實用特色

外觀＆功能性兼具的包包

1. 簡約設計＋有趣元素

休閒或正式服裝都很好搭配的款式，
呈現簡單風格，僅須變換形狀、
雙面使用設計，不經意地加入有趣元素，
背上包包，心情也隨之愉快。

2. 位置恰到好處的口袋

本書錄的包款沒有附加太多口袋，
好拿取的正面口袋、包包肩背時可以直接拿出物品的側邊口袋、內側等，在方便取放的位置上設計口袋。

3. 袋口寬敞

每個包包都設計了寬敞的大開口，能輕鬆放入任何物品。
包包打開後，也能一眼看見內容物，是方便取放的設計。

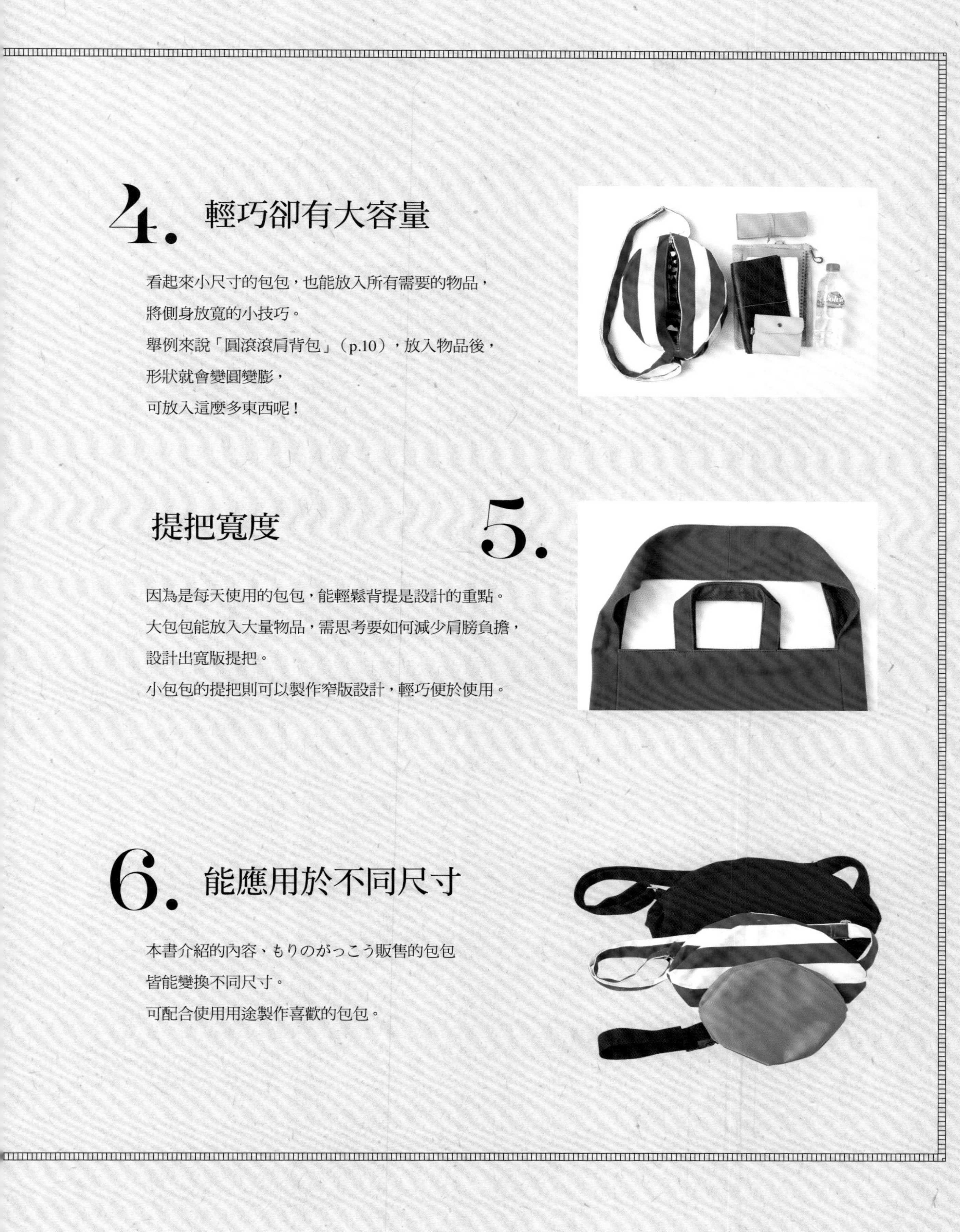

4. 輕巧卻有大容量

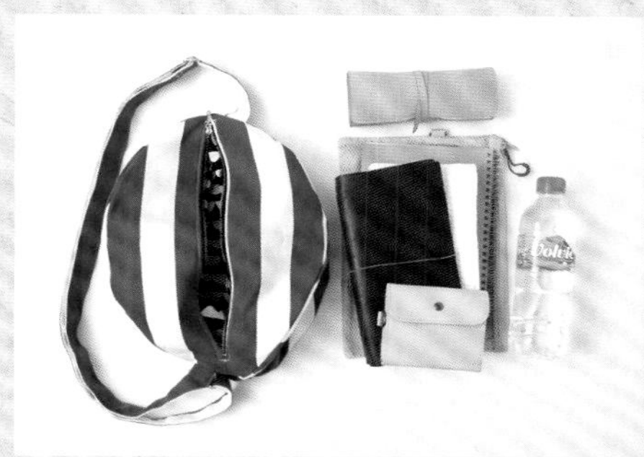

看起來小尺寸的包包，也能放入所有需要的物品，
將側身放寬的小技巧。
舉例來說「圓滾滾肩背包」（p.10），放入物品後，
形狀就會變圓變膨，
可放入這麼多東西呢！

5. 提把寬度

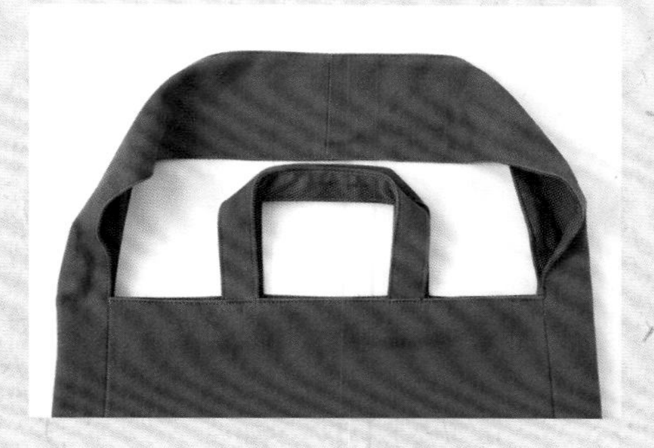

因為是每天使用的包包，能輕鬆背提是設計的重點。
大包包能放入大量物品，需思考要如何減少肩膀負擔，
設計出寬版提把。
小包包的提把則可以製作窄版設計，輕巧便於使用。

6. 能應用於不同尺寸

本書介紹的內容、もりのがっこう販售的包包
皆能變換不同尺寸。
可配合使用用途製作喜歡的包包。

CONTENTS

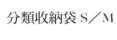

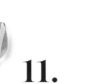

1. Shoulder Bag with a Dotted Pocket

圓點口袋肩背包

可輕鬆放入各式物品，讓人安心的大尺寸包包。
引人注意的外口袋圓點設計。
包包面積大，可以當作穿搭配件使用。

[How to make] — p.50

[材料提供] <表袋>軟斜紋棉布、<圓點>熱轉印紙／清原株式会社

裡布搭配喜歡的布料，
令人不禁想要往袋中窺看的心情湧出。

圓點使用熱轉印紙，
如同剪紙，隨興地裁出圓形、印刷。

2. *Trapezoid Bag with a Grommet Handle*

橢圓提把梯形包

簡單設計，使用人工皮革及橢圓雞眼釦式提把，
挺立的包包，適合上班通勤使用。
側身空間大，即使內容物太多也不擔心。

[How to make] — p.52

［材料提供］＜表袋＞人工皮革／清原株式会社

實用特色
What's Good
設計長度稍長的繩子，即使穿著外套也能輕鬆背在身上。
3.
Knapsack
束口袋背包
裁切及縫合部位極少，
設計簡約的後背包。
包包本體與繩子顏色相同，呈現統一的俐落感。
是男女共用的包款。
[How to make] — p.53
[材料提供] ＜表袋＞調色盤帆布／清原株式会社

4. Chubby and Round Shoulder Bag

圓滾滾肩背包
S/M/L

由4片布片縫製而成，像是橄欖球般的獨特形狀。
3款尺寸容量都比視覺上看起來大，
用過一次之後，就令人愛不釋手。
非常實用的包款。

[How to make] — p.60

L

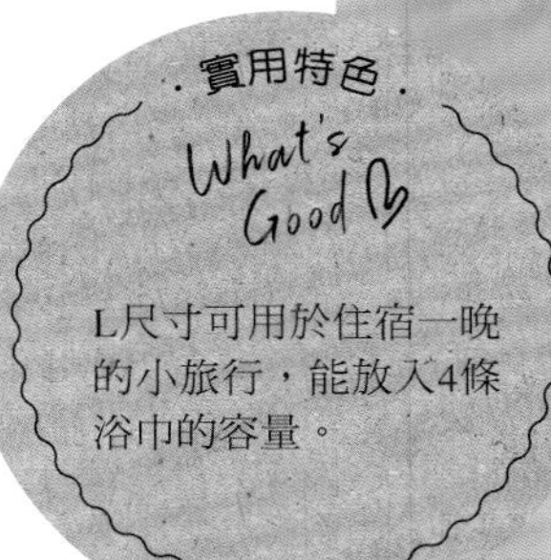

・實用特色・
What's Good
L尺寸可用於住宿一晚的小旅行，能放入4條浴巾的容量。

條紋圖案展現清爽氣息，
不分年齡皆可使用的設計，
適合用於小孩的社團活動
或是學習用包包。

M

[材料提供] ＜表袋(M)＞調色盤帆布條紋款／清原株式会社

調短肩背帶，
斜背則成為貼身包包。

S

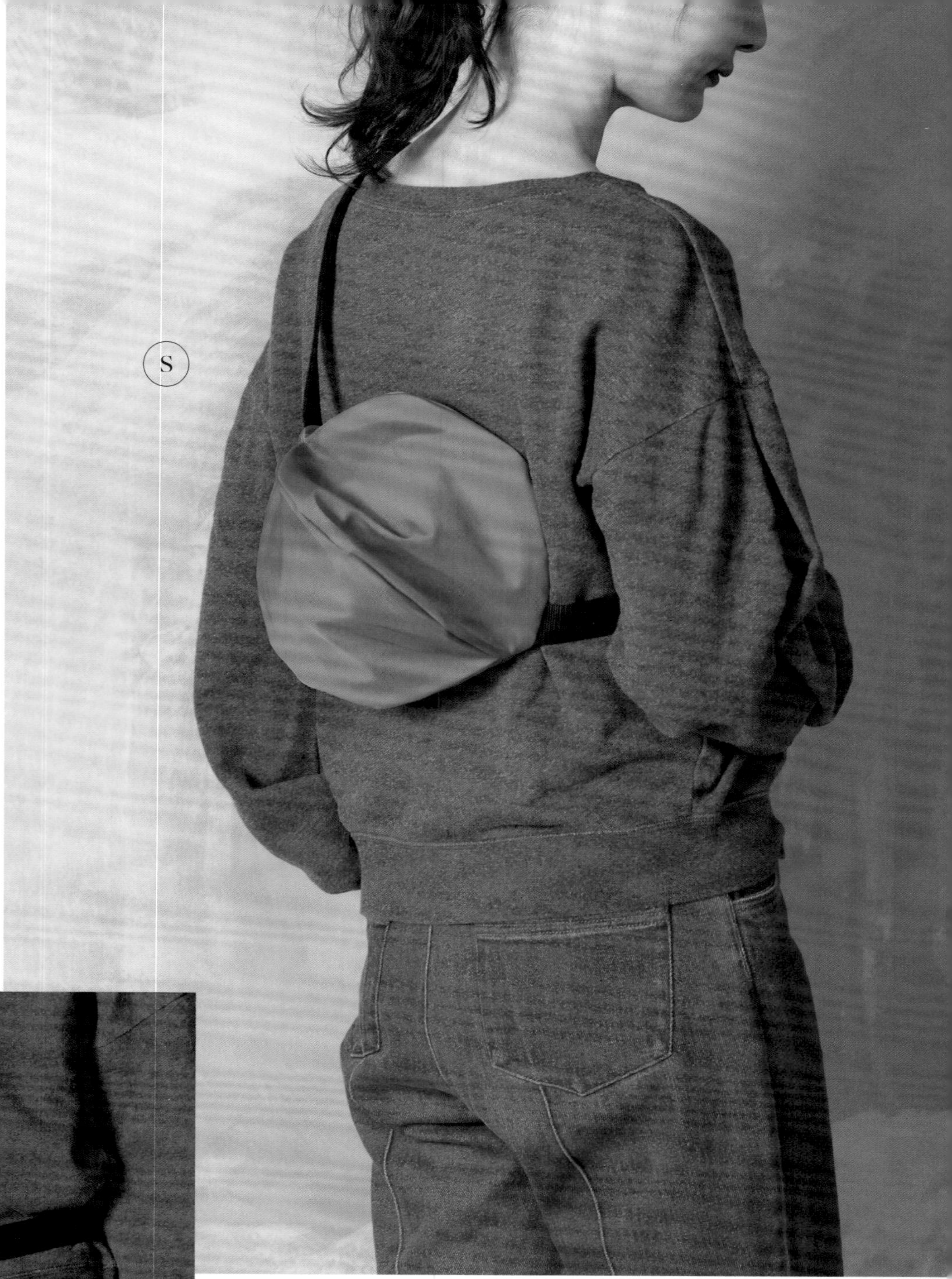

尼龍材質即使弄髒也很好清潔。輕量抗磨擦，當作慢跑或騎單車時的運動用包吧！

<表袋(S)>輕巧尼龍材質／清原株式会社

S尺寸的肩背帶使用釦頭拆卸包包，若別在腰上，可以當作腰包使用。

攤平後方便隨身攜帶。放入行李箱，當作旅行的隨身小物。

4片布片的頂點不錯位，準確地對齊，使成品呈現美麗線條。

單邊提把穿過另一邊，
變身為單提把造型也很可愛。

5. *Boa Fleece Hand Bag*

毛絨絨手提包

讓秋冬外出變得有趣，
使用溫暖毛皮材質製作的包包。
預留返口，一起縫合表袋與內袋，
再翻轉整個包包，
縫份就能完美地被隱藏。

[How to make] — p.78

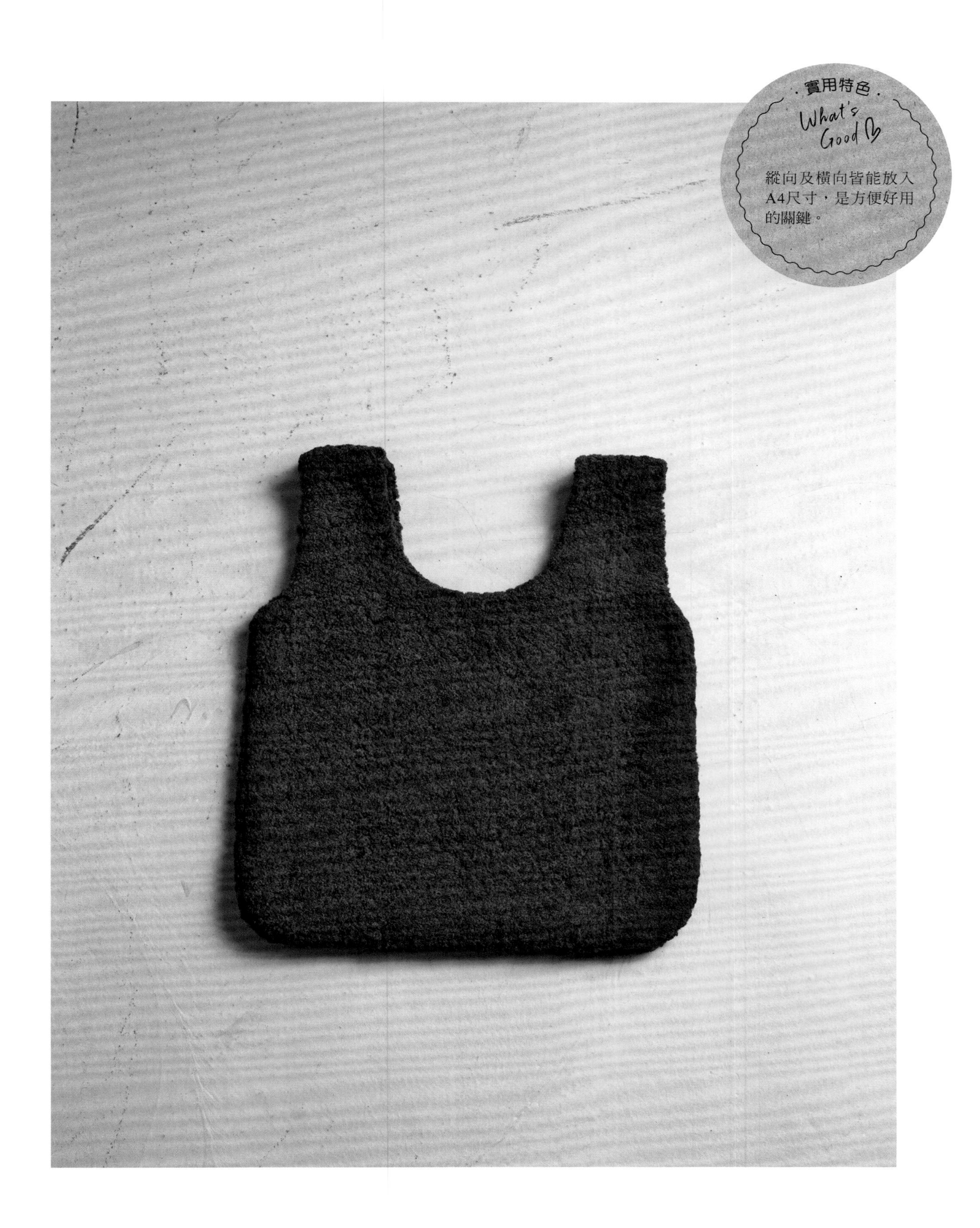
・實用特色・
What's Good
縱向及橫向皆能放入A4尺寸，是方便好用的關鍵。

6. Tote Bag with a Side Pockets

附側邊口袋托特包 M／L

肩背包包時，側邊口袋能馬上拿出手機、筆記本或筆，因為八號帆布貼上厚貼布襯，放在地板上也能直立不攤倒，是挺立堅固的包款。

[How to make] — p.54

L

M

適合上班及上學、假日
出門的基本款包形。

因為側邊口袋作有打褶，
取放方便，也能容納有厚
度的物品。

包包內側附有2個口袋。
袋口裝設磁釦，方便開
關。

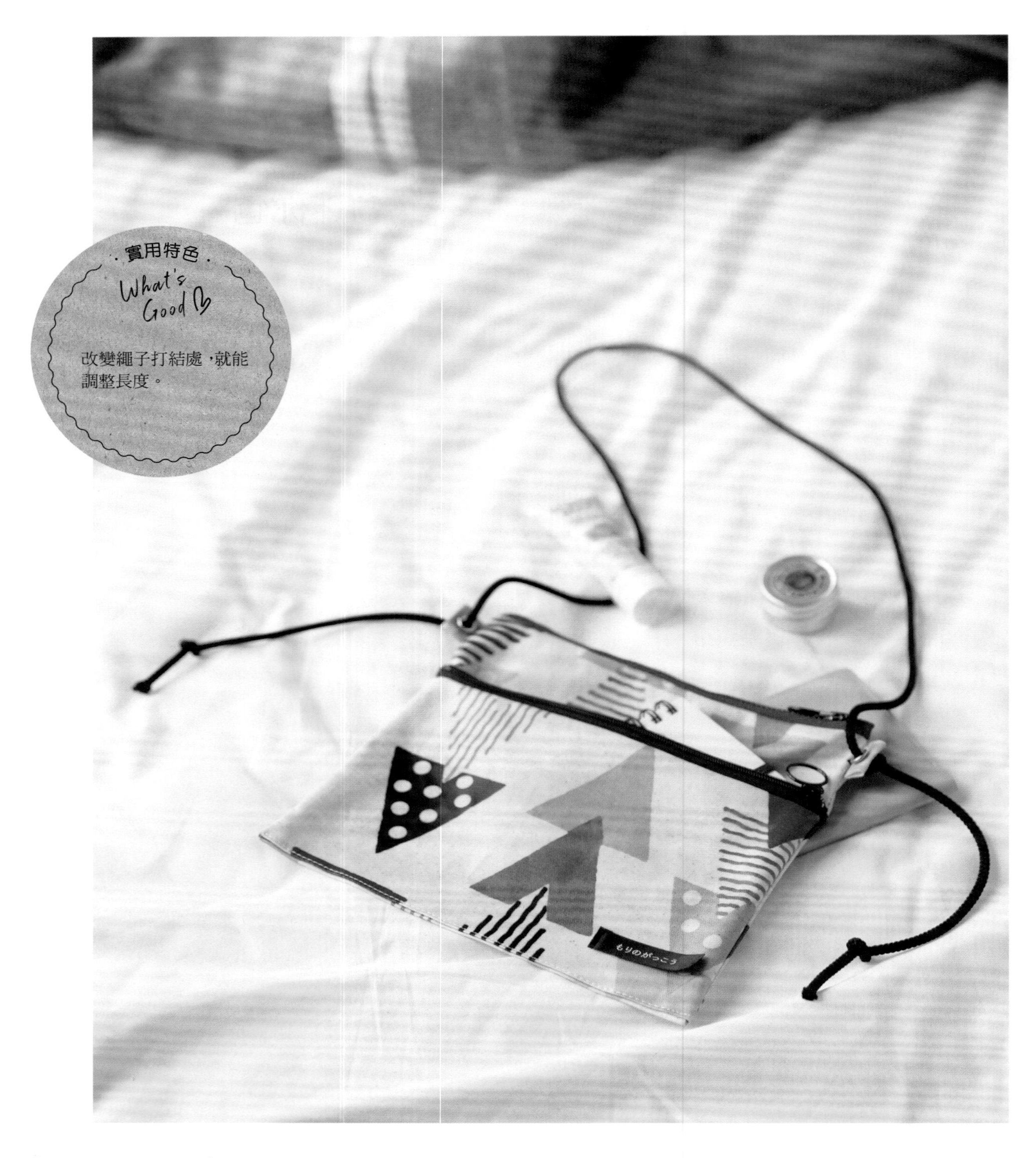
・實用特色・
What's Good
改變繩子打結處，就能調整長度。
もりのがっこう

7. Sacoche

輕巧肩背包

適合戶外及運動環境的輕巧肩背包。
防水及抗髒污，使用防水材質製成。
本體與口袋各自裝上拉鍊，
只要縫合脇邊就能簡單完成。

[How to make] — p.49

・實用特色・
What's Good
三角形的一邊裝上拉鍊，設計了方便拿取及收納物品的大袋口。

8. Mini Tetra Bag

三角迷你包

能成為穿搭單品，令人喜愛的金字塔型包款。
由4片三角形的布片縫合而成，
可以放入零錢及手機、手帕等必備小物。

[How to make] — p.75

[材料提供] <表袋>調色盤帆布／清原株式会社

9. *Boston Bag*

波士頓包

依造型師會想擁有的大容量包包為設計概念。
住宿2至3天的旅行只要一個包包就OK！
不使用時，可壓平摺疊，收納不佔空間。

[How to make] — p.62

[材料提供] <表袋>軟斜紋棉布／清原株式会社

拉鍊側耳裝上壓釦。
釦上鈕釦，袋口呈現輕巧方形。

包包內側附上含鈕釦的口袋。
方便收納零碎物品。

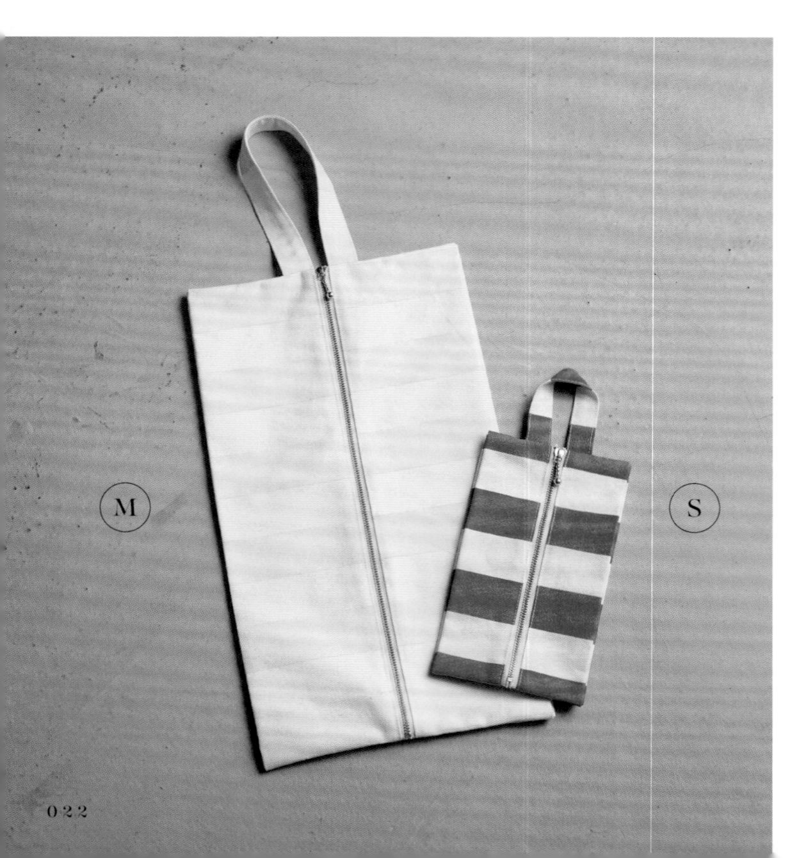
M
S

10. *Organizer Pouch*

分類收納袋 S／M

方便使用於收納衣服及小物。兩側的內側加上側身，收納容量比外觀看起來大。不裝物品時，可壓平收納，放入隨身包包中，當作預備用袋使用。

[How to make] — p.66

[材料提供] <表袋(S／M)>調色盤帆布條紋款／清原株式会社

11. Mini Tote Bag

迷你托特包

將P.16的托特包改成迷你尺寸。加上棉質織帶作為肩背帶。
適合遛狗及簡單外出時的實用包款。

[How to make] — p.58

袋口開口大。一眼就能看清楚內容物，方便取放物品。

束口袋打結繩前端的流蘇，成為設計重點。

12. Drawstring Shoulder Bag

束口肩背包

在圓底束口袋的本體抓出皺褶，調整出膨鬆且圓弧的形狀。民族風圖案適合夏天氛圍，也能搭配秋冬的針織及大衣。是全年都可穿搭的單品。

[How to make] — p.64

13. Chubby and Round Backpa

圓滾滾後背包
S／M／L

想要大容量的後背包，穿任何衣服都能搭配，休閒亦帶有正式感的設計。
包包開口隱藏於背部後方，整體呈現俐落氛圍。兼具防盜功能，令人安心。

[How to make] — p.40

L
M
S

・實用特色・

What's Good

M及L的本體脇邊附拉鍊口袋。能收納零散物品。

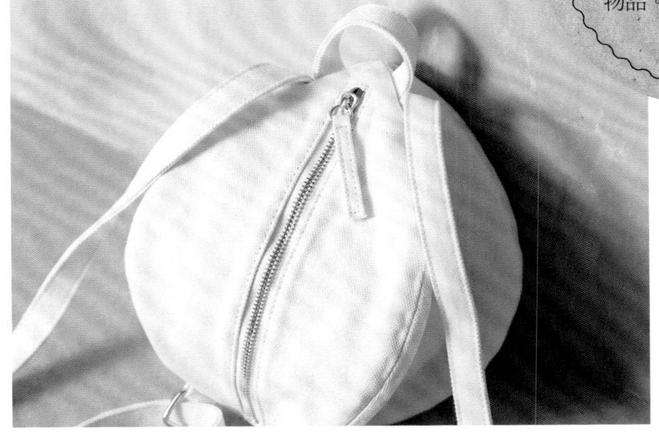

背部側的拉鍊開口大，
方便拿取包中物品。

輕巧的S尺寸，能放入貴重物品。配合後背包尺寸，背帶的寬度也調細。

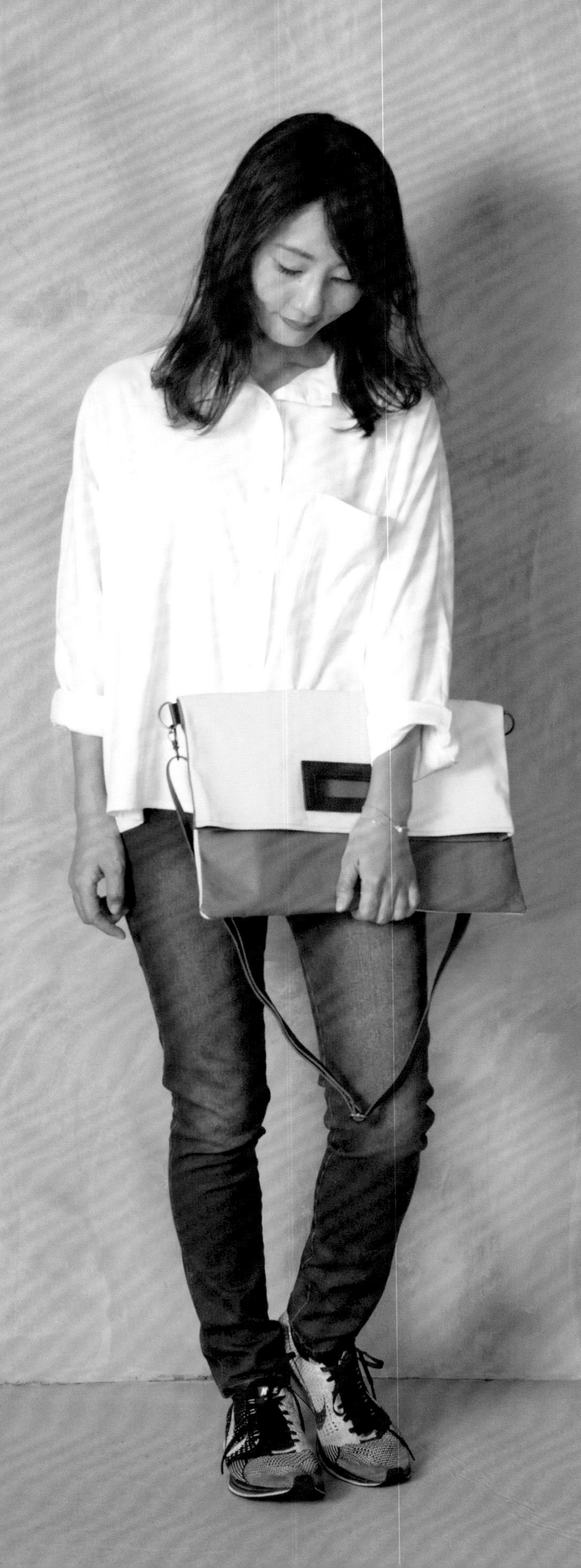

14. Reversible Clutch Bag

雙面兩用肩背手提包

包包前片與後片使用不同顏色布料配色。依袋蓋摺疊方向不同，顏色也會跟著變化。手提及肩背帶兩用，玩出不同的使用方法。

[How to make] — p.76

[材料提供] <表袋>調色盤帆布／清原株式会社

肩背帶與皮革提把搭配相
同，使顏色呈現一致性。
肩背帶可拆卸。

物品多時，不摺袋蓋，
可以直接當作提把使用。

M
S

15. Round Tote Bag

圓形托特包 S／M

引人目光的正圓形設計托特包。
放入物品後，為了能維持形狀，
內側的縫份使用織帶包覆，從正面縫合。
有厚度的位置，請慢慢縫合完成。

[How to make] — p.68

袋口的拉鍊使用「逆向雙向拉鍊」鍊頭從側邊往正中間打開，從左右任一邊皆能方便地取放物品。

增加M尺寸1個內口袋寬度，設計出能收納筆電的尺寸。放置包包時，為了不讓筆電碰到底部，袋底的緩衝空間也很重要。

16. Reversible Shoulder Bag

雙面兩用側背包

配色有趣的正反兩用雙面包。
側身與肩背帶相連，圍成一圈。
加上提把，也能手提使用。

[How to make] — p.70

[材料提供] <表袋（青）>8號帆布仿舊加工／清原株式会社

・實用特色・
What's Good

肩背帶設計寬度10cm，
可減輕肩膀的負擔。

17. *Frilled Handle Tote Bag*

皺褶提把托特包

形狀簡單的包身，裝飾上華麗的皺褶提把。
令人眼睛為之一亮。
皺褶提把是將帶狀的布料抓褶，再縫合於提把上方。黑白色調展現成熟的大人氛圍。

[How to make] — p.72

[材料提供] <表袋・提把>調色盤帆布／清原株式会社

Giorgio Mo
Grafted
EVOLUTION
CLARK

18. Flap Backpack

手提肩背兩用包

使用壓釦開合，摺疊袋口形成袋蓋的設計。
底部預留大容量側身，收納力十足。
使用壓線拼布布料，打造出令人驚豔的輕巧包款。

[How to make] — p.74

[材料提供] ＜表袋＞貓咪圖案壓線拼布布料／清原株式会社

19. Boa Fleece Drawstring Bag

毛絨絨束口袋

圓底的束口袋，穿入較長的皮革繩作為提把。縫合厚度厚的毛皮材質時，為了不讓布料錯位，請慢慢地使用縫紉機縫製。

[How to make] — p.79

[材料提供] ＜表袋＞仿絨毛皮布／清原株式会社

20. Clutch Bag

手拿肩背兩用包

使用人工皮革，打造俐落成熟風格的手拿肩背兩用包。直線剪裁，加上直線縫合的簡單作法。
包包尺寸能放入資料文件，也很適合洽公使用。

[How to make] — p.77

[材料提供] ＜表袋＞人工皮革／清原株式会社

實用特色
What's Good
可依放入物品的高度摺疊袋蓋，非常實用。

Basic Lesson

基礎教學

在此介紹開始製作前的必備基礎技法
說明原寸紙型的使用方法、布料裁切方法及經常出現用語

布料的前置準備

棉質布料為了防止作品完成後無法固形，在裁剪前使用熨斗整燙織線經緯線的歪斜處。先在布邊測試，若熨斗蒸氣不會造成水漬，使用蒸氣整燙會更漂亮。若擔心下水洗過會縮水，可以浸泡在水中一晚後陰乾，在半乾狀態時以熨斗整燙乾燥。

附錄原寸紙型

＜使用方法＞

＊從原寸紙型中找出需要的紙型，使用牛皮紙或描圖紙等半透明的紙張複寫。

＊原寸紙型已含縫份。畫上粗線的裁剪線。

＊依作品及布片狀況不同，有無原寸紙型請依作法頁面的裁切圖確認。若無原寸紙型、只有直線裁剪的布片，請依裁切圖標示尺寸，在布的背面直接畫線，製作紙型後裁剪。

＜寫方法＞

因為各個部位的線交叉，先以馬克筆或色鉛筆描出複寫線，若採用水消筆製作，使用後複寫線會自動消失，更加方便。

①在想複寫的原寸紙型圖面上放半透明紙張，使用文鎮壓住。以量尺畫出需要的粗線。

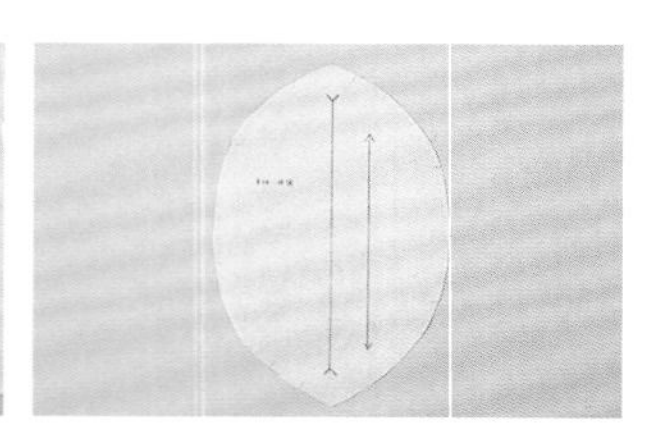

②除了部位名稱外，畫完布紋線、合印、口袋位置後，再進行裁剪。

＜紙型內記號＞

布紋線
與布邊平行，正面示織紋的縱向方向

摺雙處
以這條線為基準，對摺布料，線條為山摺線

合印
為了讓各別的布片及長度不錯位的對齊記號

裁剪、作記號

＊參考作法頁面的裁切圖，布紋與布紋線對齊後，重疊紙型。依選擇的布寬及圖案，也能變更紙型的位置，裁剪前請在布上放紙型確認。

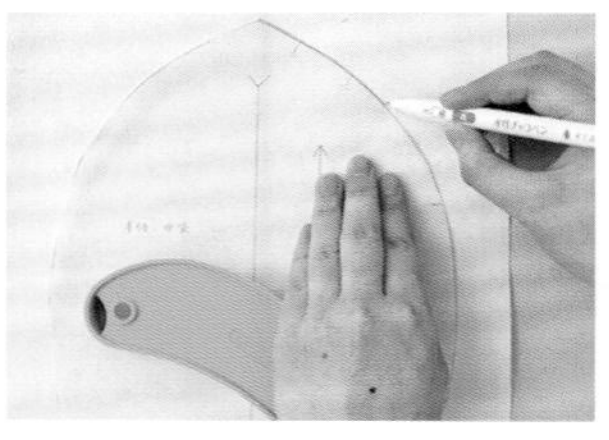

①紙型放於布的背面上，使用文鎮壓住，使用粉土或粉土筆畫出紙型輪廓。

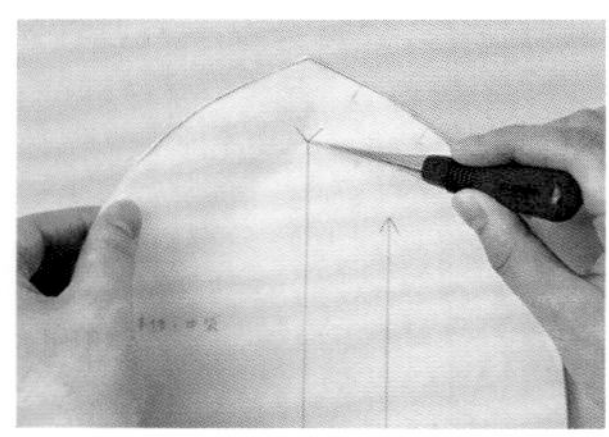

②沿著①的線裁剪。口袋縫合位置或止縫處，以錐子輕輕地在邊角或邊緣作出記號，在相同位置上使用粉土筆再次作記號。

作法相關用語

正面相對 布的正面與正面對齊。

背面相對 布的背面與背面對齊。

摺雙 摺疊布料時的山摺線。

返口 為了將縫合完成的布翻回正面，留下部分不縫合的開口處。翻回正面後，縫合關閉。

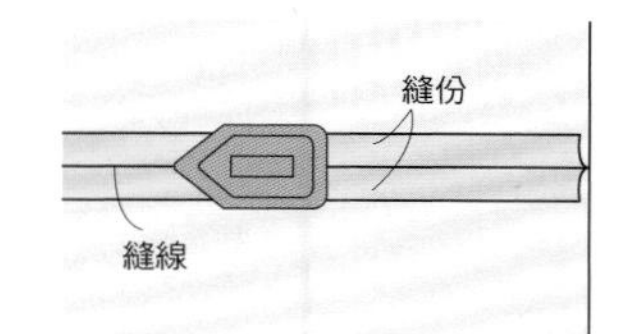
縫份
縫線

燙壓縫份
壓開縫份，以熨斗燙壓。

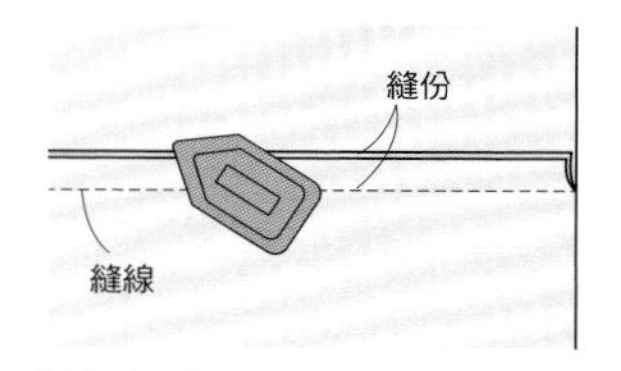
縫份
縫線

縫份倒向
將縫份往單邊倒向，以熨斗燙壓。

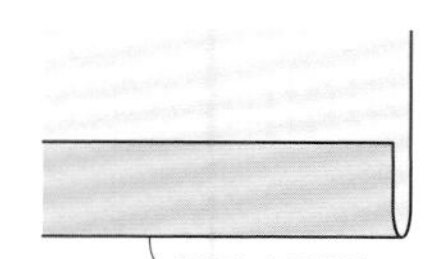
摺疊（摺雙）

對摺
布邊摺疊一次， 以熨斗燙壓。

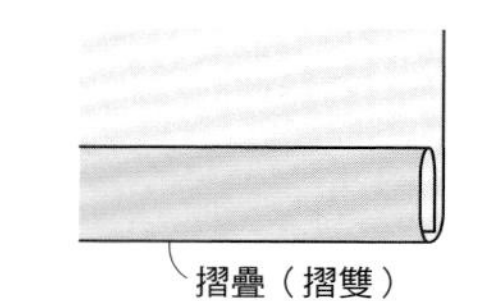
摺疊（摺雙）

摺三褶
布邊摺疊兩次， 以熨斗燙壓。

準備針線

車縫線及車縫針搭配布料使用。依左方正面格作基準選用，務必先在零碼布上試縫後再決定。

布料	車縫線	車縫針
薄（尼龍等）	90號	9號
普通（寬幅細毛布、軋別丁等）	60號	11號
厚（8號帆布、毛皮材質、拼布材質等）	30號	14號

<本書主要使用的布料>

11號帆布

尼龍布

防水布

人工毛皮

人工皮革

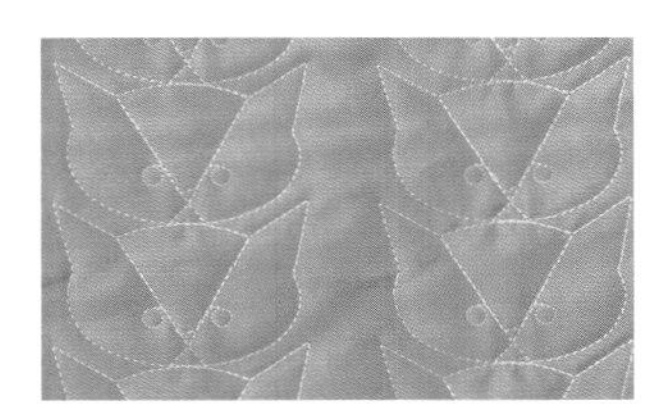

壓線布料

車縫

＊若布料不易滑動時，試著將縫紉機的壓布腳更換成鐵氟龍材質。縫紉機的針板不易滑動時，在布的下方墊牛皮紙，縫合完成後，再剪開卸除牛皮紙。

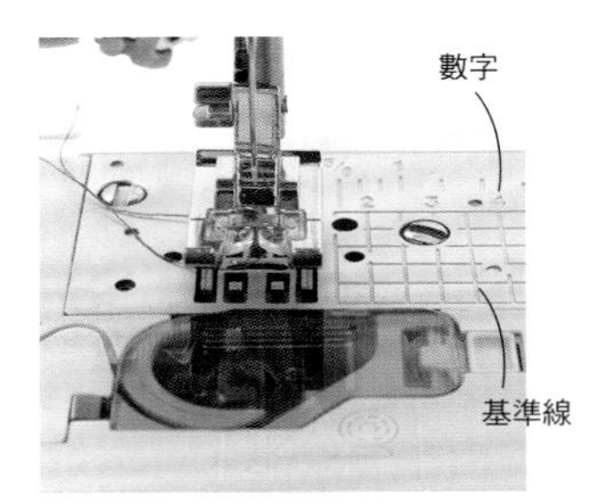
數字
基準線

＊為了防止拉到完成線，車縫時，使用在機台上的基準線。數字是正面示從下針位置到線的距離。

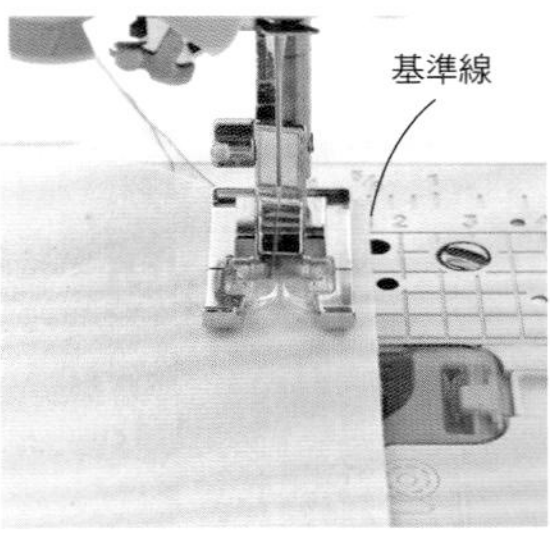
基準線

布邊與基準線對齊縫合圖片中的縫份是1.5cm。

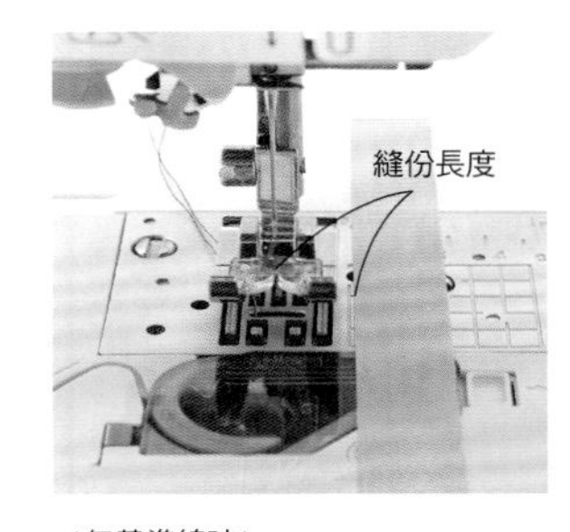
縫份長度

<無基準線時>
從下針位置測量縫份尺寸，在機台上貼紙膠帶，膠帶的邊緣對齊基準線。

人工毛皮的裁剪方法

人工毛皮因為毛流的關係，要注意裁剪方向
本書使用長度短的材質。

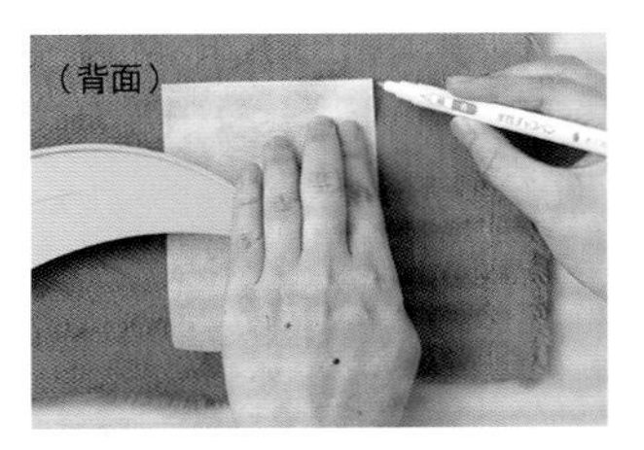
（背面）

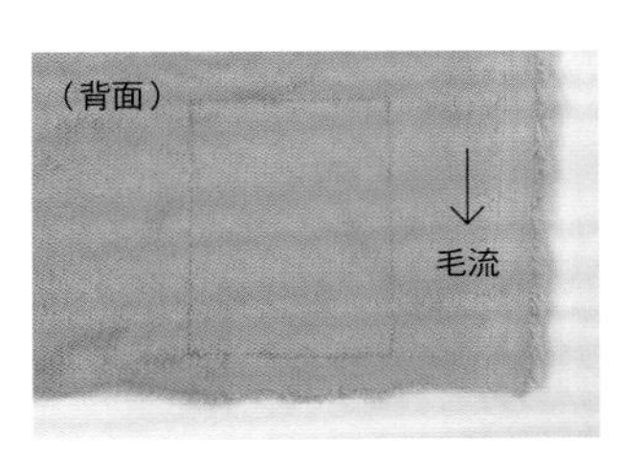
（背面）
毛流

①背面放上紙型，以粉土或粉土筆畫記號。

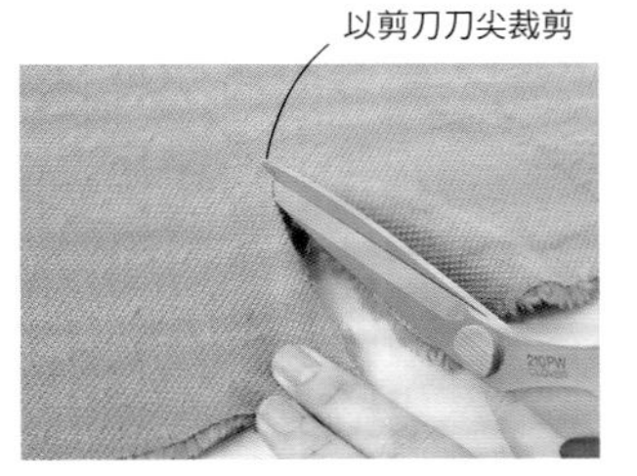
以剪刀刀尖裁剪

②盡可能不要剪到毛，剪刀以懸浮方式裁剪基底布。

How to Make Lesson

作法教學

附圖片解說もりのがっこう的人氣商品──「13.圓滾滾後背包（p.26）」的作法
是各項作品都會使用到的流程，請參考說明製作。
※為了讓布片及縫線看起來清楚明顯，使用與實際作品不同顏色的布料及縫線示範。

13.圓滾滾後背包 S／M／L

〔Photo〕── p.26

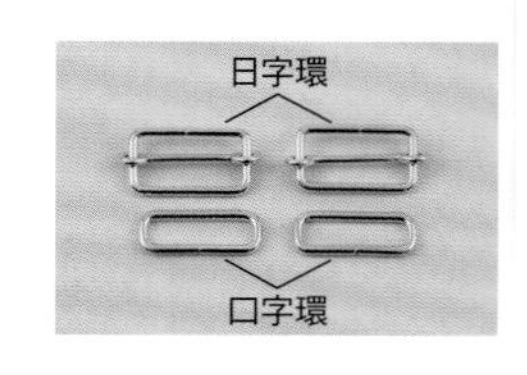
日字環
口字環

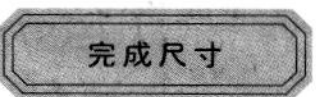
完成尺寸

〈S〉 寬 18.5×高30×側身18.5cm
〈M〉 寬 21.5×高35×側身21.5cm
〈L〉 寬25×高52×側身25cm

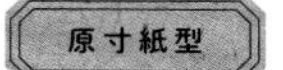
原寸紙型

B面…表袋、裡袋、內口袋、脇邊口袋（M／L）／L）

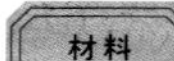
材料

〈S〉白色8號帆布…110×55cm
直紋棉布…110×40cm
長度23cm的拉鍊…1條
長度11.5cm的拉鍊…1條
內徑2cm的口字環…2個
內徑2cm的日字環…2個

〈M〉灰色8號帆布…110×70cm
直紋棉布…110×70cm
長度28.5cm的拉鍊…1條
長度15cm的拉鍊…1條
長度14cm的拉鍊…1條
內徑3cm的口字環…2個
內徑3cm的日字環…2個

〈L〉黑色8號帆布 110×110cm
直紋棉布110×110cm
長度 37.5cm的拉鍊…1條
長度 19cm的拉鍊…2條
內徑4cm的口字環…2個
內徑4cm的日字環…2個

裁布圖

※單位為cm，已含縫份
※肩背帶‧口字環釦絆‧提把的布料畫直線裁剪

Ⓢ 表袋 白色8號帆布

前片（1片） 15
8
10
4
口字環釦絆（2片）
後片（1片） 牙口
側面（2片）
側面
提把（1片）
55
4
肩背帶
※縫合連接後，製作2條216cm的肩背帶
110

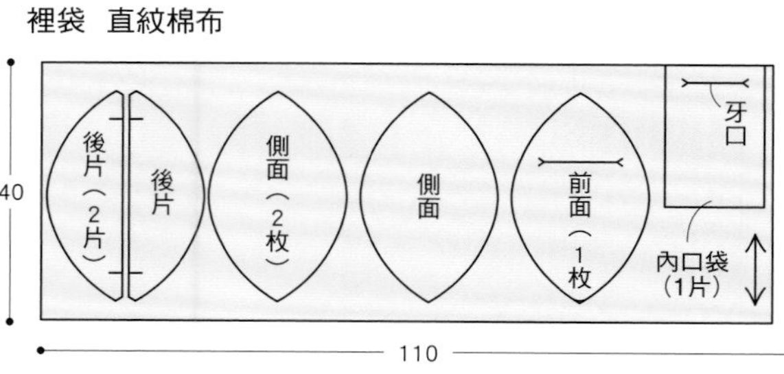
裡袋 直紋棉布
後片（2片）
後片
側面（2枚）
側面
前面（1枚）
牙口
內口袋（1片）
40
110

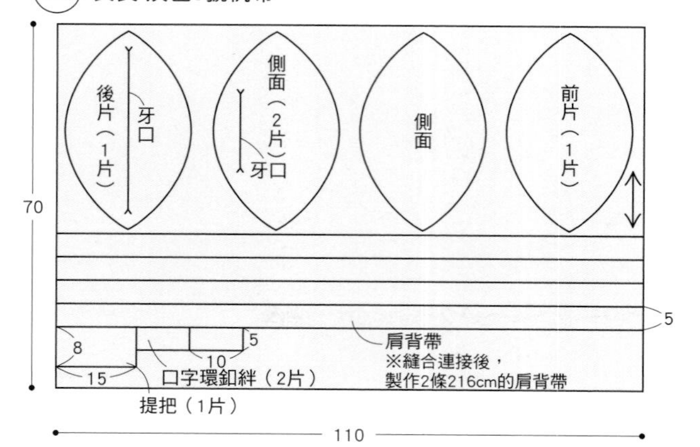
Ⓜ 表袋 灰色8號帆布
後片（1片）
牙口
側面（2片）
牙口
側面
前片（1片）
70
5
8
15
10
5
口字環釦絆（2片）
提把（1片）
肩背帶
※縫合連接後，
製作2條216cm的肩背帶
110

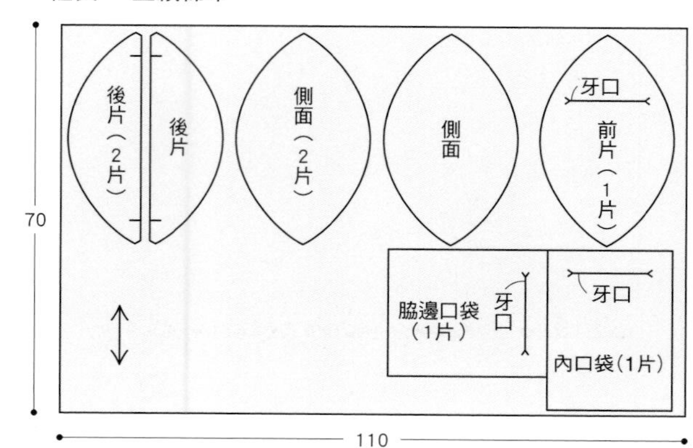
裡袋 直紋棉布
後片（2片）
後片
側面（2片）
側面
牙口
前片（1片）
脇邊口袋（1片）
牙口
牙口
內口袋（1片）
70
110

Preparation

拉鍊長度調整

若無法買到想製作作品指定的尺寸拉鍊長度，可以自行調整。
準備比指定尺寸長的拉鍊，再將拉鍊剪短。
在此介紹本書使用的金屬拉鍊調整方法。

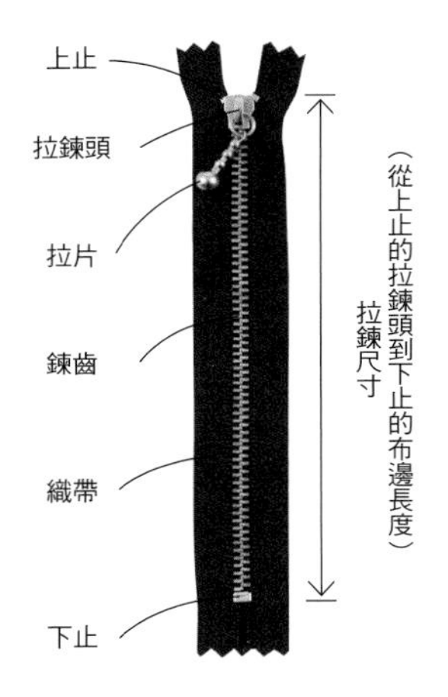
上止
拉鍊頭
拉片
鍊齒
織帶
下止
拉鍊尺寸
（從上止的拉鍊頭到下止的布邊長度）

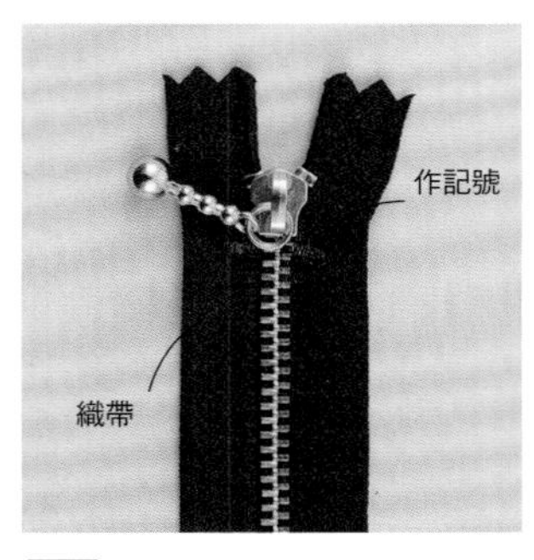
作記號
織帶

1 從下止開始測量需要的長度，在上止處作記號。

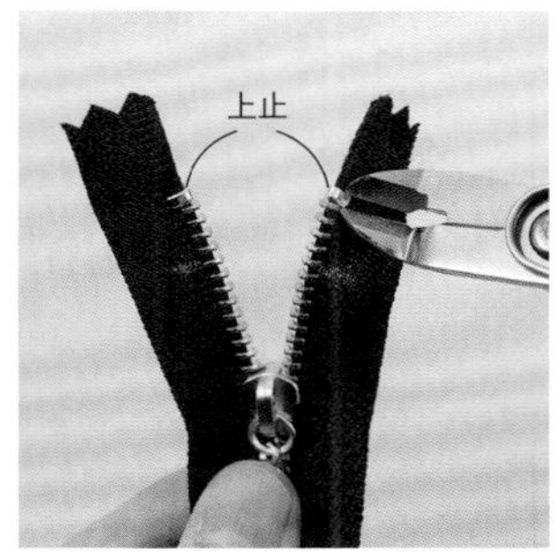
上止

2 使用鉗子卸下上止卸下的上止仍要使用，盡可能不要損傷及遺失上止。

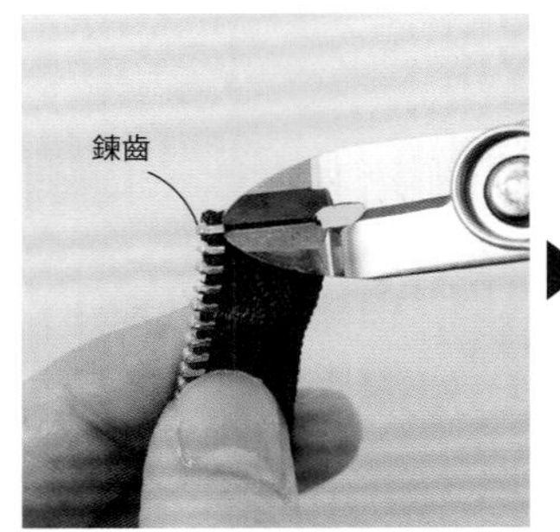
鍊齒

3 夾住織帶的鍊齒腳部單邊各自裁切後，拆除自上耳處到記號處的鍊齒。
注意不要裁到織帶

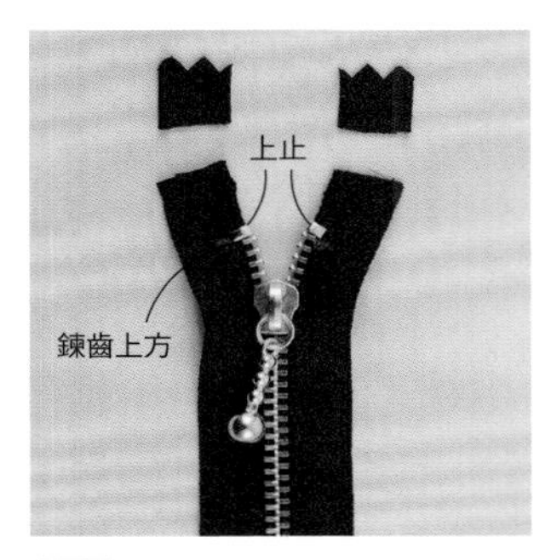
上止
鍊齒上方

4 鍊齒上方重新嵌入在步驟2卸下的上止，使用平口鉗壓合固定。裁剪多餘織帶。

L 表袋 黑色8號帆布

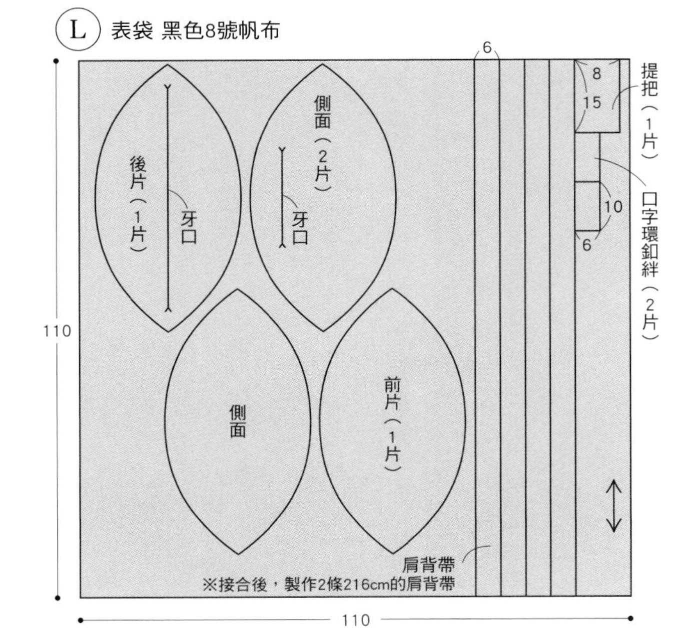
6
8
15
提把（1片）
10
6
口字環釦絆（2片）
後片（1片）
牙口
側面（2片）
牙口
側面
前片（1片）
肩背帶
※接合後，製作2條216cm的肩背帶
110
110

裡袋 直紋棉布

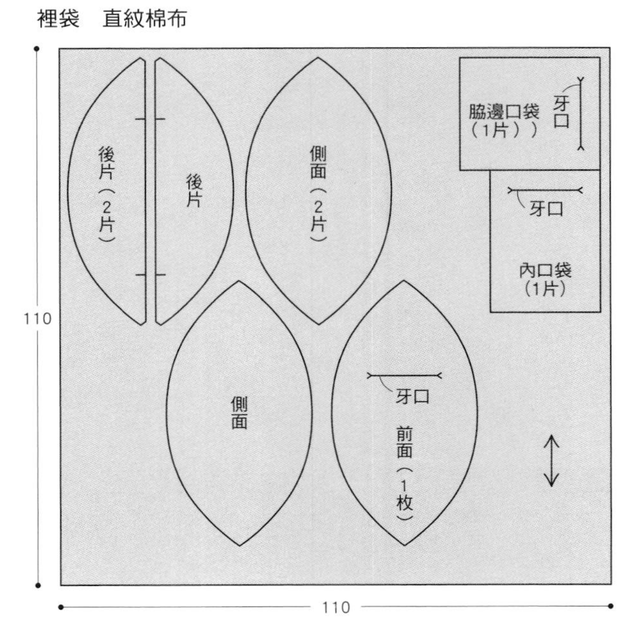
後片（2片）
後片
側面（2片）
脇邊口袋（1片））
牙口
牙口
內口袋（1片）
側面
牙口
前面（1枚）
110
110

Step 1. 在裡袋製作內口袋

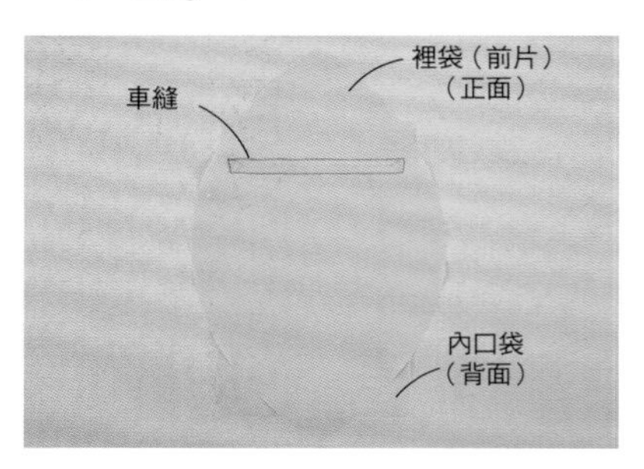
車縫
裡袋（前片）
（正面）
內口袋
（背面）

1 裡袋（前片）與內口袋的牙口線背面相對，袋口以粗針趾車縫出四角形。

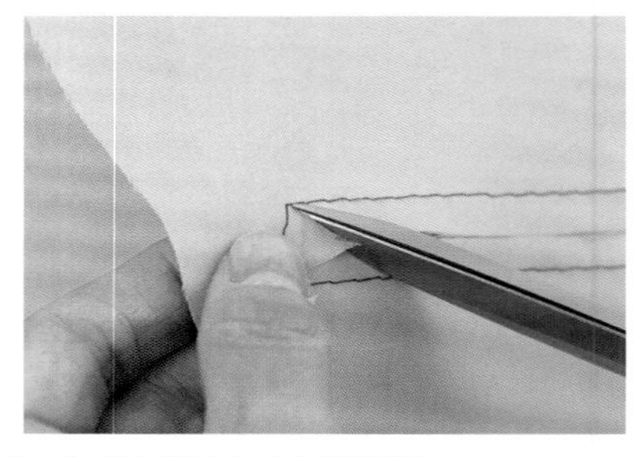

2 袋口開牙口，兩側邊剪出Y字。

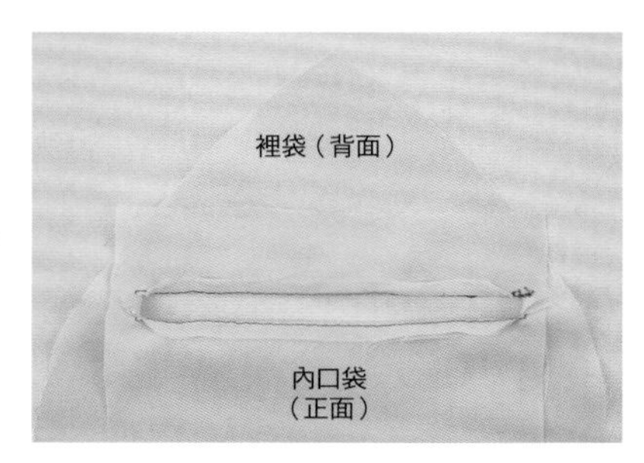
裡袋（背面）
內口袋
（正面）

縫份往內口袋方向摺，以熨斗燙壓。

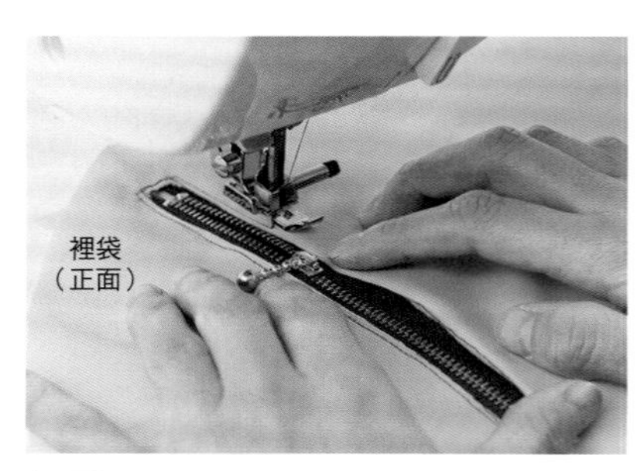
裡袋
（正面）

裡袋（正面）
0.2至0.3
車縫

3 將縫紉機的壓布腳換成單邊壓布腳。袋口的背面重疊長度S=11.5cm M=14cm L=19cm的拉鍊，從正面於袋口的周圍縫出四角形。

內口袋
（背面）
摺雙

4 內口袋正面相對對摺。

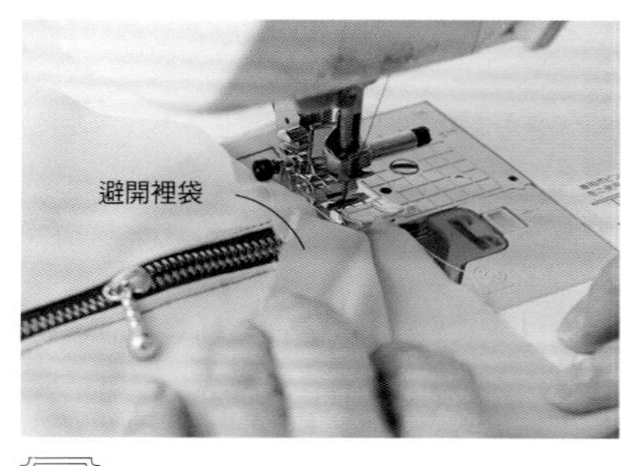
避開裡袋

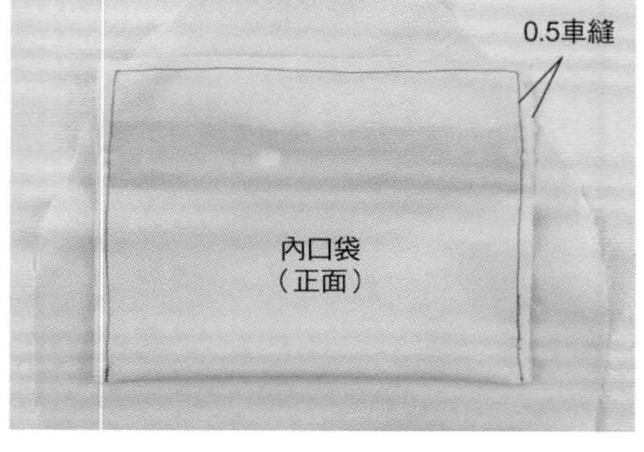
0.5車縫
內口袋
（正面）

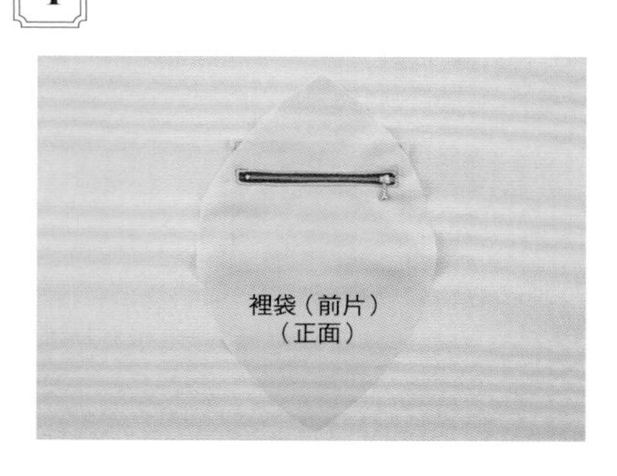
裡袋（前片）
（正面）

5 翻回正面，避開裡袋，縫合內口袋的脇邊及上緣，製作出袋狀。

Step 2. 縫合裡袋

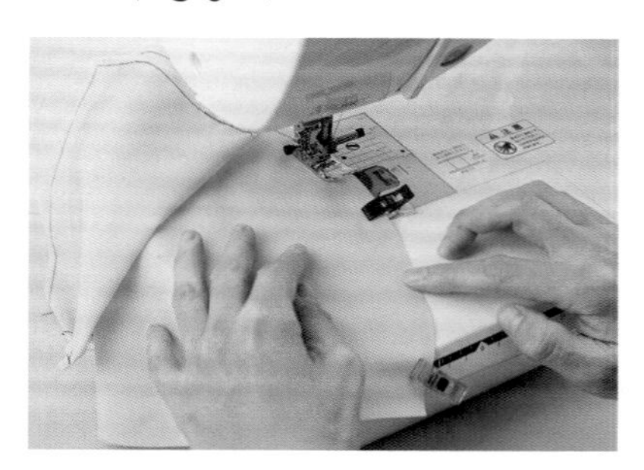

1cm車縫
1
裡袋（前片）
（背面）
裡袋（側面）
（正面）

1 在Step 1.製作的附內口袋的裡袋<前片>與1片裡袋<側面>正面相對，避開內口袋，縫合脇邊。始縫處及止縫處預留1cm。

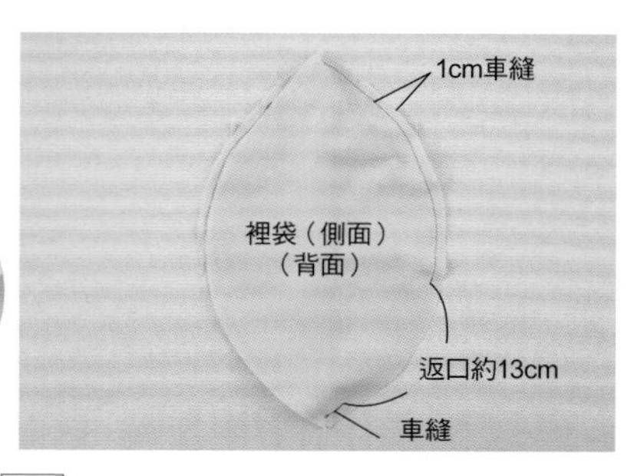
1cm車縫
裡袋（側面）
（背面）
返口約13cm
車縫

2 1 的裡袋（前片）與另1片裡袋（側面）正面相對，預留返口約13cm縫合始縫於止縫處預留1cm。

Step 3. 後片加上拉鍊

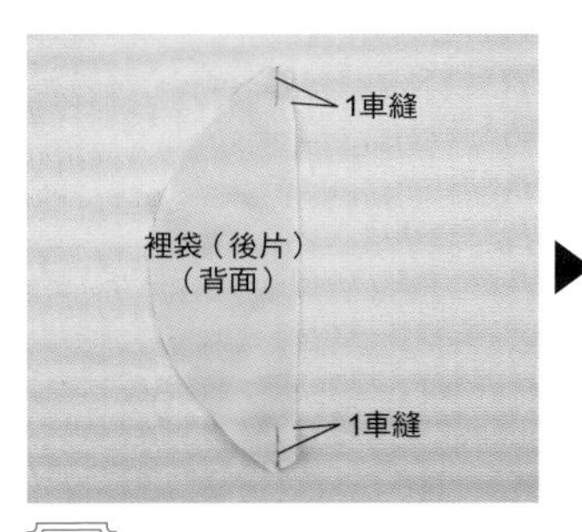
1車縫
裡袋（後片）
（背面）
1車縫

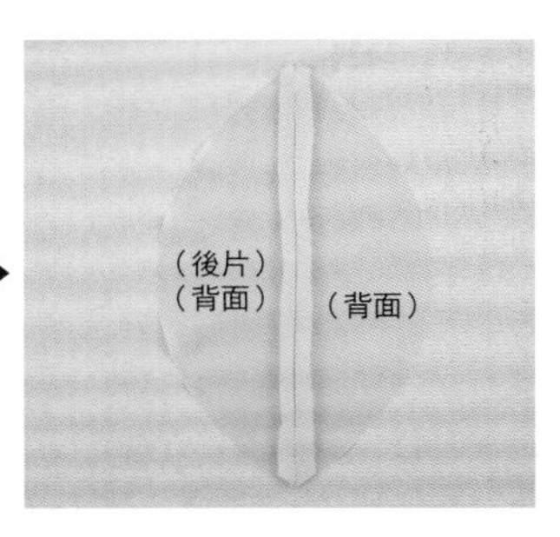
（後片）
（背面）
（背面）

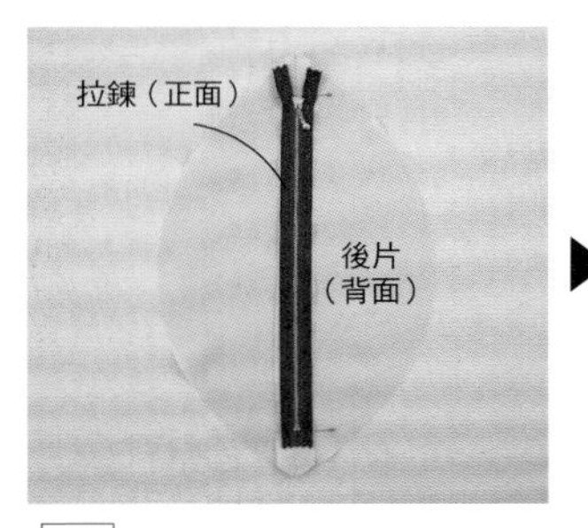
拉鍊（正面）
後片
（背面）

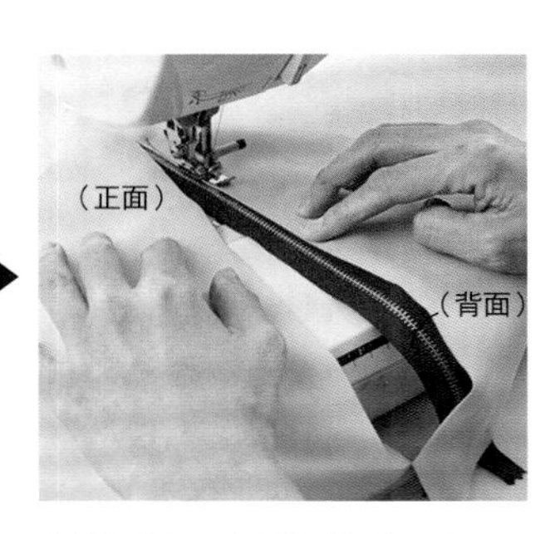
（正面）
（背面）

1 2片裡袋（後片）正面相對，上下縫合至開口停止處。

Point 若縫份以手工藝用白膠部分固定，不會浮起，容易縫合

2 在1 1的開口背面，重疊長度 S=23cm M=28.5cm L=37.5cm的拉鍊背面對齊開口停止處及拉鍊的上止·下止，以珠針固定。

將縫紉機的壓布腳換成單邊壓布腳，自正面縫合固定拉鍊，拉鍊的鍊頭稍微錯開，往前縫合。

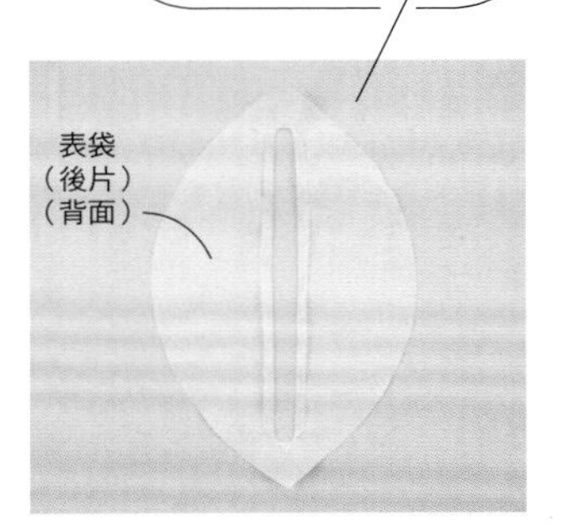
表袋
（後片）
（背面）

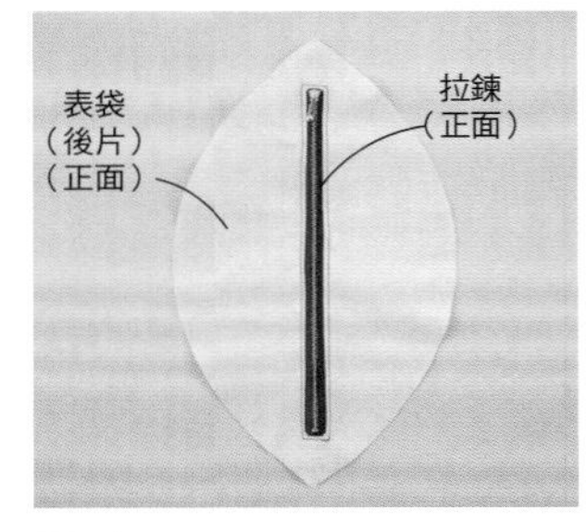
表袋
（後片）
（正面）
拉鍊
（正面）

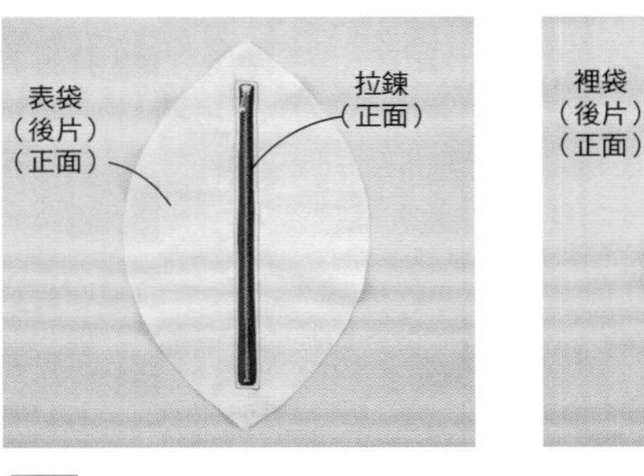

裡袋（後片）附上拉鍊的狀態。

3 表袋（後片）的袋口開牙口，兩脇邊呈Y字型裁剪縫份往內摺，以熨斗燙壓。

4 裡袋與表袋的袋口背面相對，袋口周圍縫出四角形。

Step 4. 表袋製作脇邊口袋

※參考Step 1.S尺寸省略此步驟

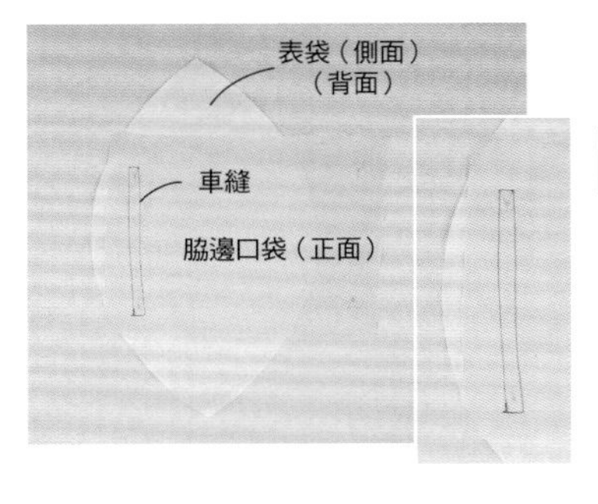
表袋（側面）
（背面）
車縫
脇邊口袋（正面）

1 表袋<側面·有牙口>與脇邊口袋的牙口線背面相對，口袋袋口以粗針車縫四角形。

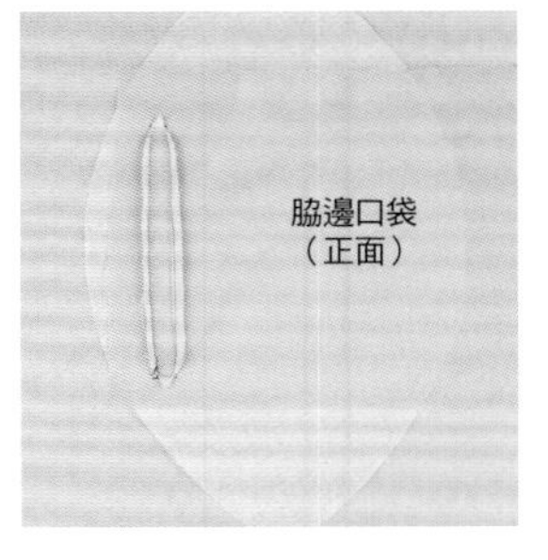
脇邊口袋
（正面）

2 口袋袋口開牙口，縫份往脇邊口袋側倒向，以熨斗燙壓。

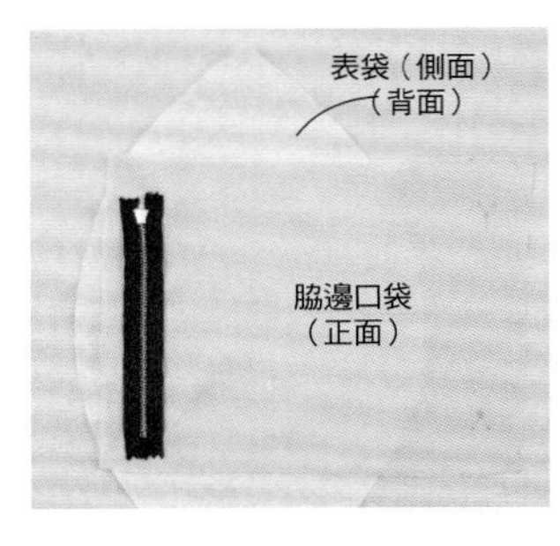
表袋（側面）
（背面）
脇邊口袋
（正面）

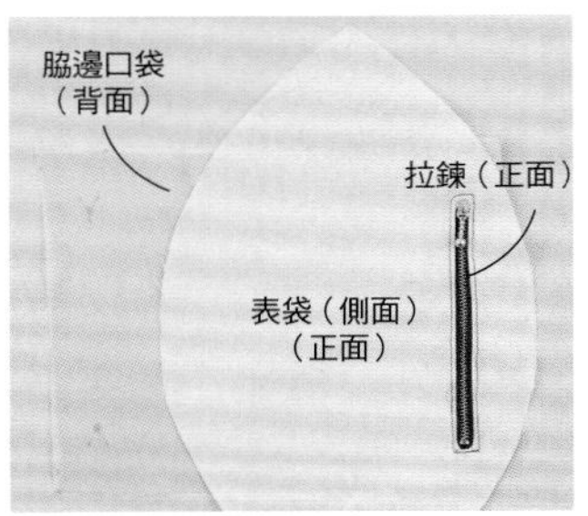
脇邊口袋
（背面）
拉鍊（正面）
表袋（側面）
（正面）

3 縫紉機壓布腳更換成單邊壓布腳口袋袋口背面重疊上長度M=15cm L=19cm的拉鍊從正面在口袋袋口周圍縫出四角形。

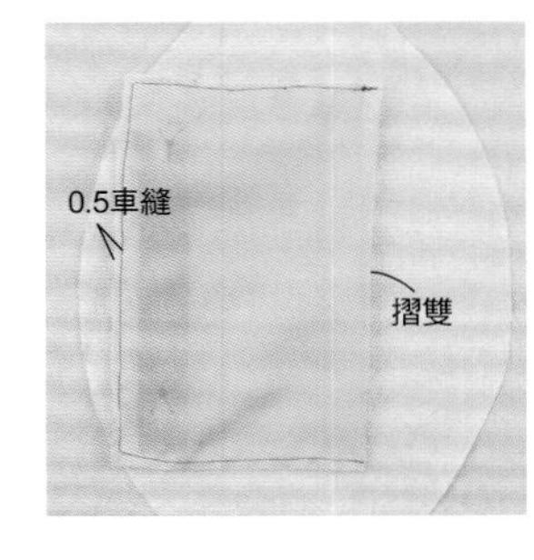
0.5車縫
摺雙

4 脇邊口袋正面相對對摺翻回正面，避開表袋，縫合脇邊口袋上下與邊，製作出袋狀。

Step 5. 製作口字環釦絆

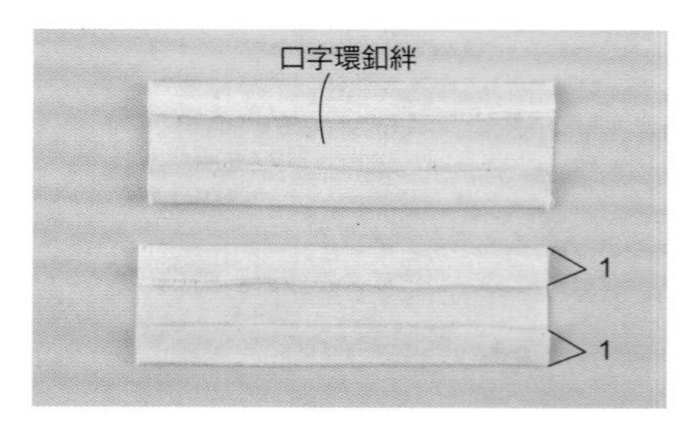
口字環釦絆
1
1

1 摺疊2片口字環釦絆的長邊縫份以熨斗燙壓。

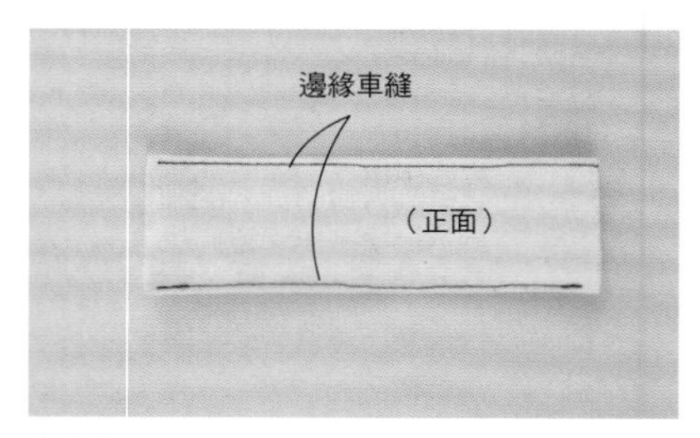
邊緣車縫
（正面）

2 **1** 的2片背面相對，縫合兩脇邊的邊緣。

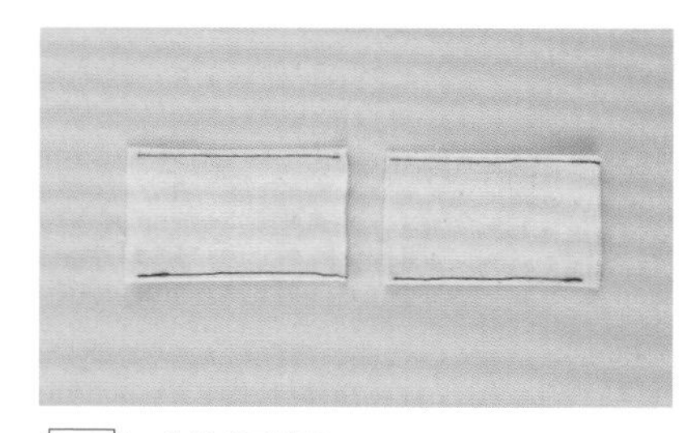

3 裁剪成兩等分。

Step 6. 製作提把

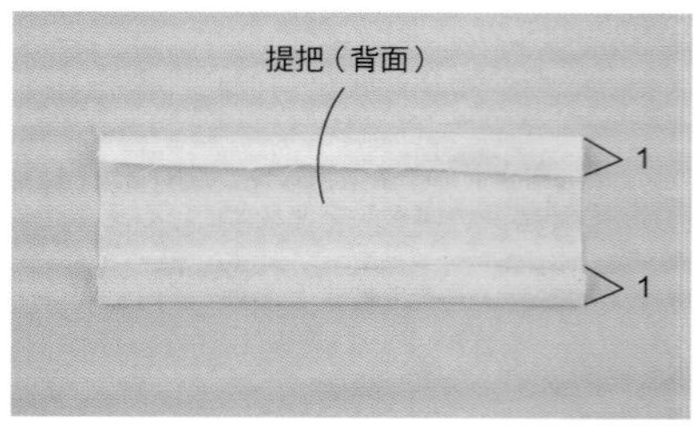
提把（背面）
1
1

1 摺疊提把長邊的縫份，以熨斗燙壓。

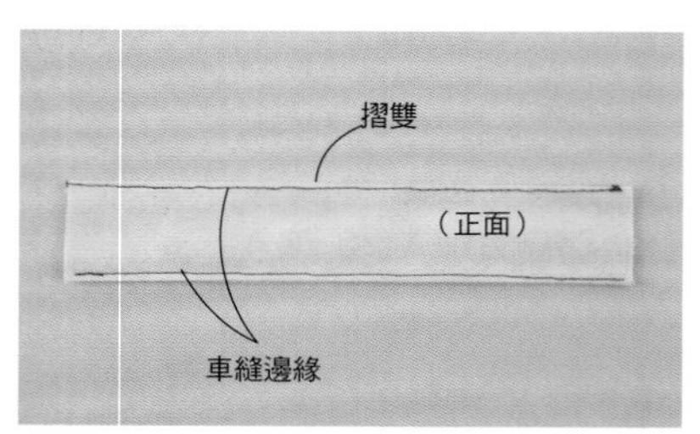
摺雙
（正面）
車縫邊緣

2 **1** 對摺後，縫合長邊邊緣。

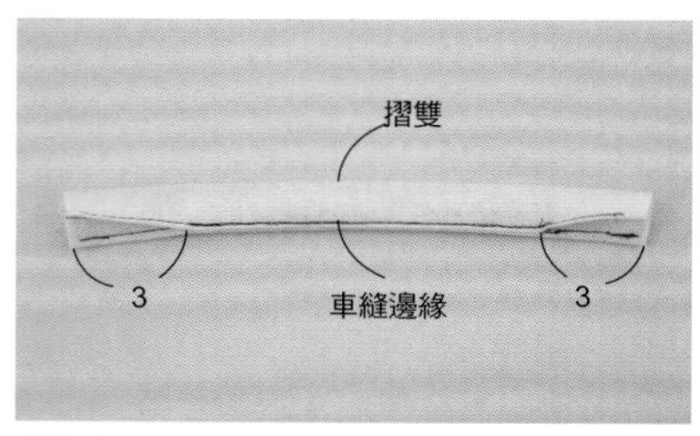
摺雙
3
車縫邊緣
3

3 接著再對摺，兩邊預留3cm後縫合。

Step 7. 製作肩背帶

肩背帶（背面）
1
1

1 肩背帶也是摺入兩片長邊的縫份，以熨斗壓合。

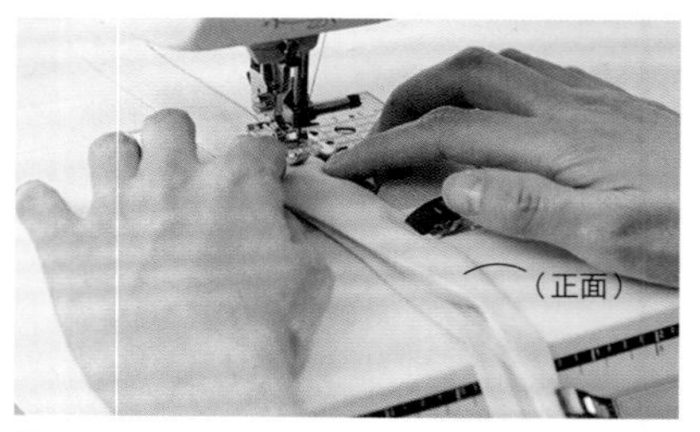
（正面）

2 **1** 的2片背面相對，縫合兩脇邊邊緣製作2條。

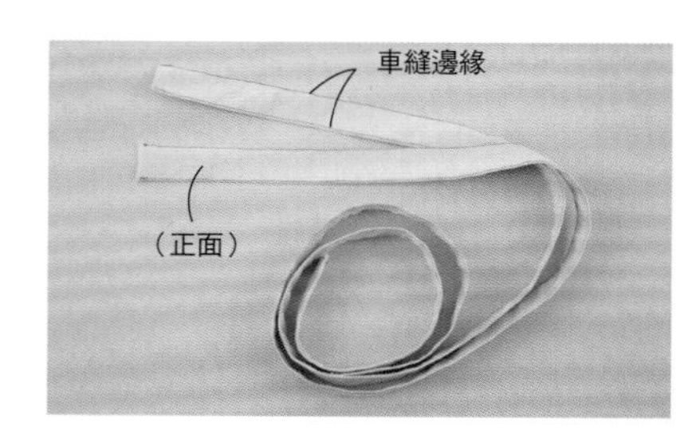
車縫邊緣
（正面）

Step 8. 表袋縫合口字環釦絆、提把、肩背帶

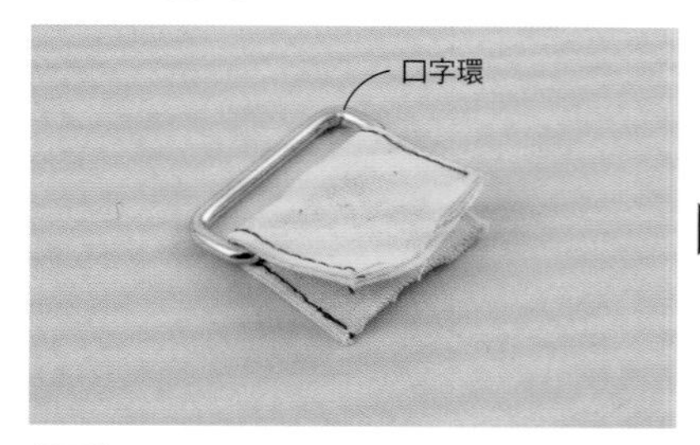
口字環

1 對摺口字環釦絆，穿過口字環準備2組。

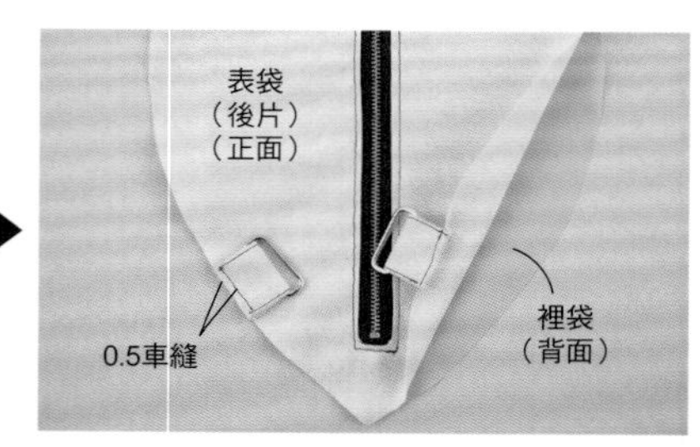
表袋
（後片）
（正面）
0.5車縫
裡袋
（背面）

表袋（後片）正面縫合位置上的縫份，避開裡袋縫合。

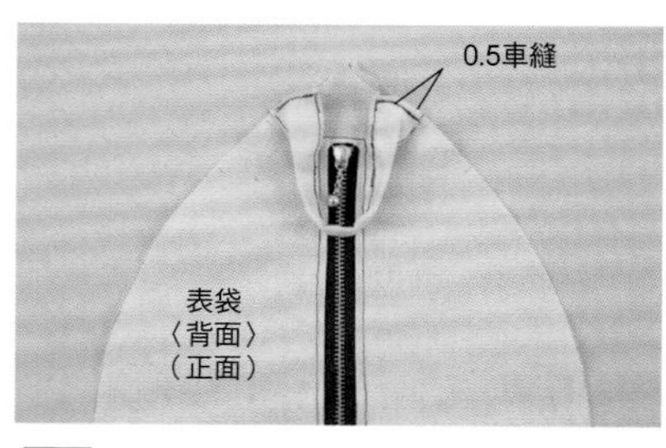
0.5車縫
表袋
（背面）
（正面）

2 提把在表袋（後片）正面縫合位置的縫份上，避開裡袋縫合。

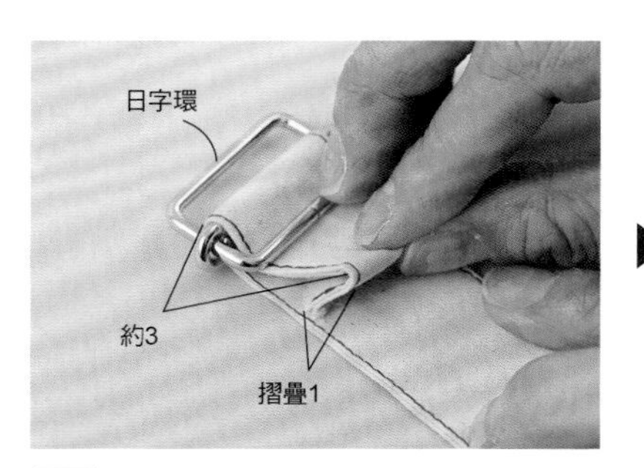
日字環
約3
摺疊1

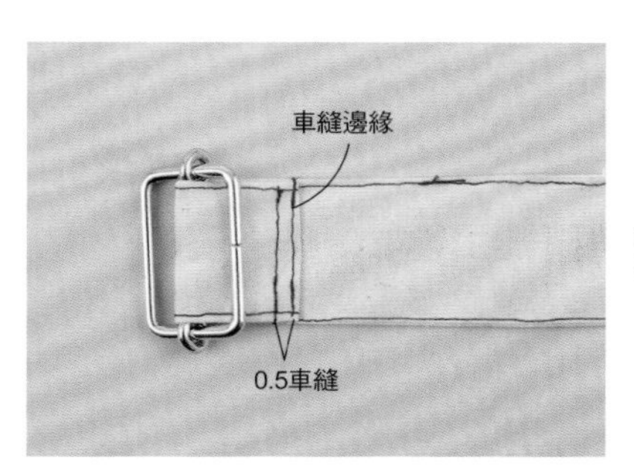
車縫邊緣
0.5車縫

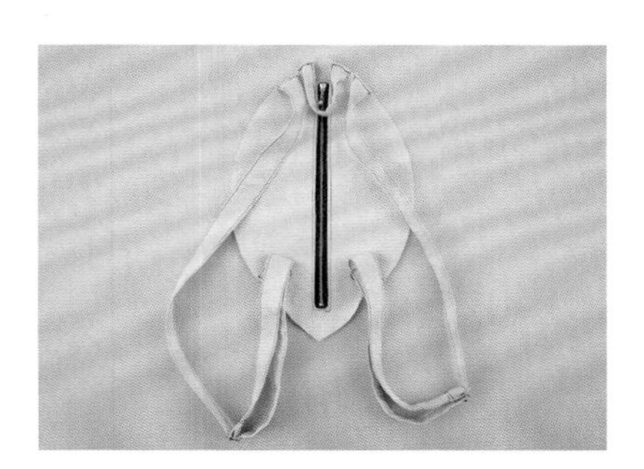
口字環

3 肩背帶的單邊邊緣穿過日字環邊緣摺3摺後縫合。

肩背帶的另一側的單邊邊緣穿過口字環。

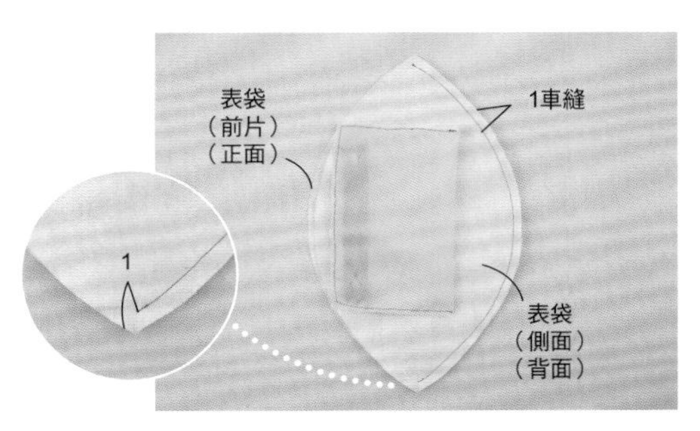
日字環
口字環

肩背帶的邊緣往回穿過日字環注意不要扭歪，相反側也以相同方式製作。

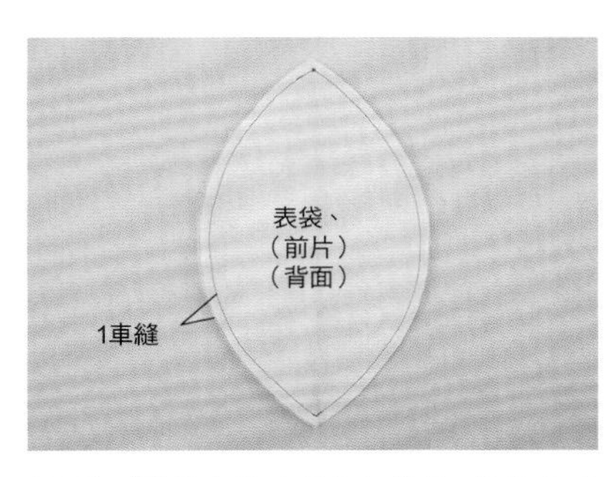
0.5車縫

肩背帶在表袋（後片）正面縫合位置的縫份上，避開裡袋縫合。

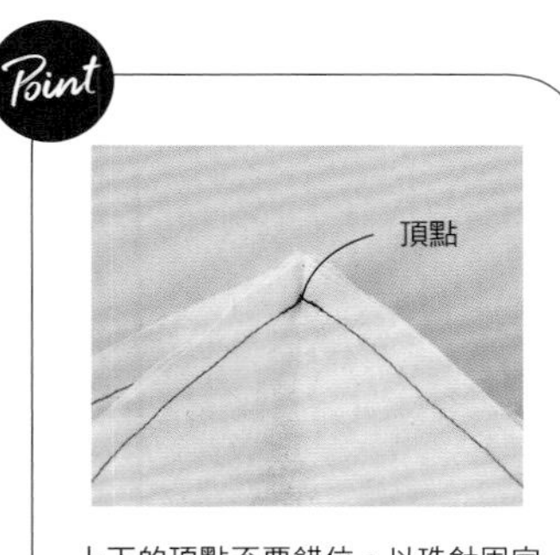

縫上口字環釦絆、提把、肩背帶。

Step 9. 縫合表袋

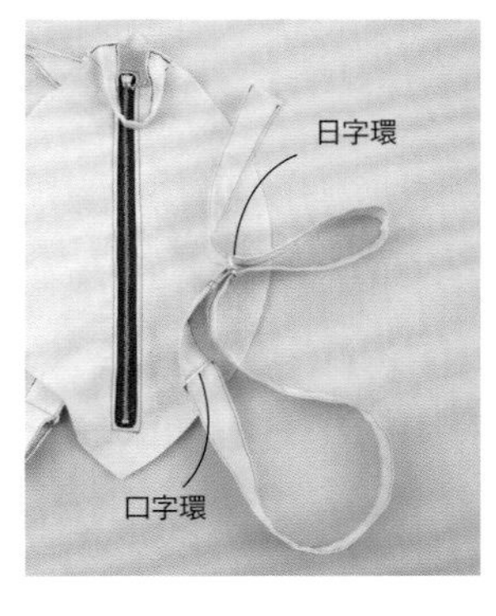
表袋
（前片）
（正面）
1車縫
1
表袋
（側面）
（背面）

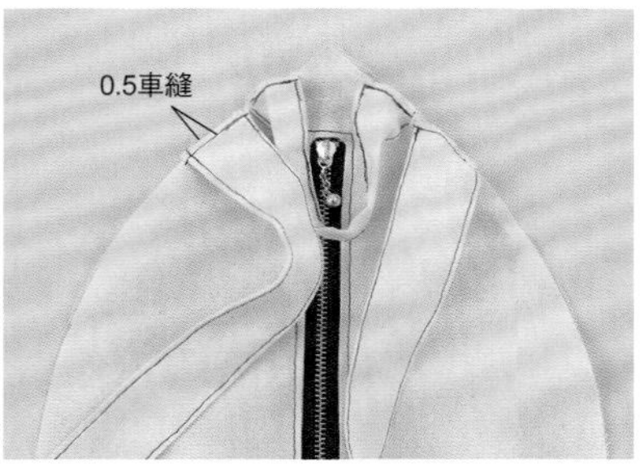
表袋、
（前片）
（背面）
1車縫

1 表袋（側面）與表袋（前片）正面相對，縫合脇邊始縫與止縫處預留1cm。

2 1 的表袋（前片）與另1片的表袋（側面）正面相對，縫合脇邊上下預留1cm。

Point

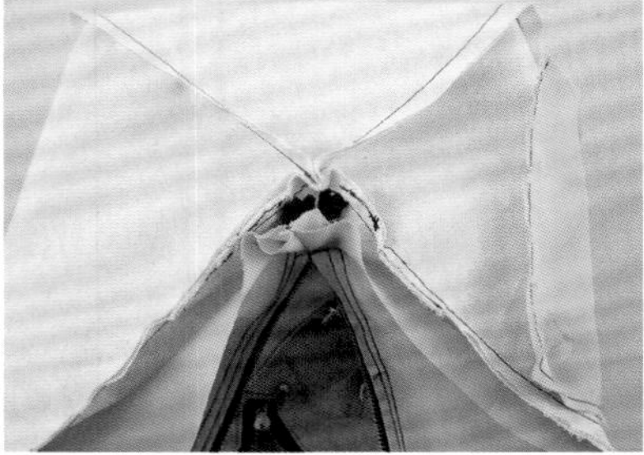
頂點

上下的頂點不要錯位，以珠針固定縫合。

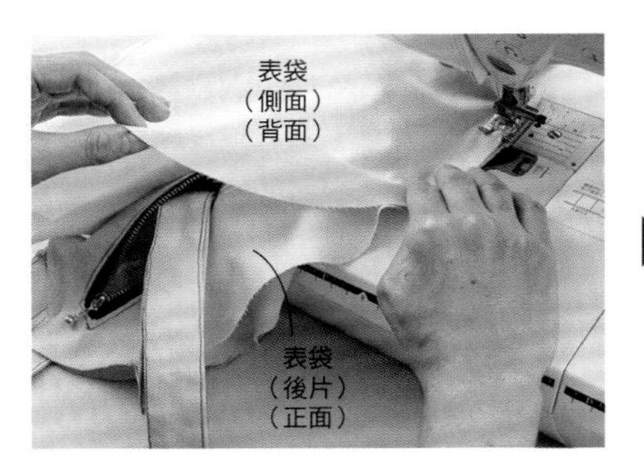
表袋
（側面）
（背面）
表袋
（後片）
（正面）

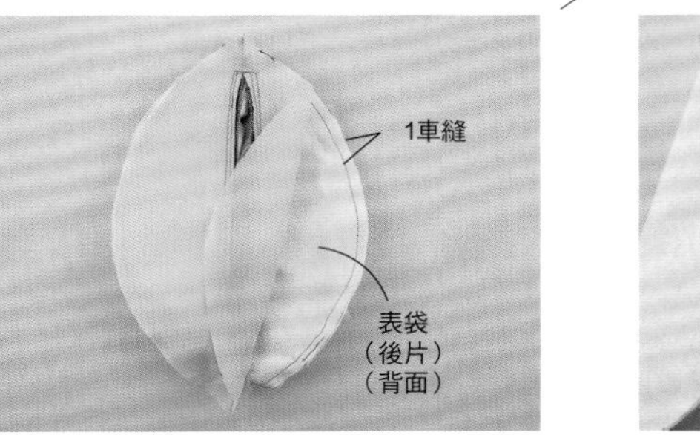
1車縫
表袋
（後片）
（背面）

3 表袋（側面）與表袋（後片）正面相對，避開裡袋後，縫合兩脇邊始縫與止縫處預留1cm。

從上面往下看的狀態。

Step 10. 裝上表袋與裡袋

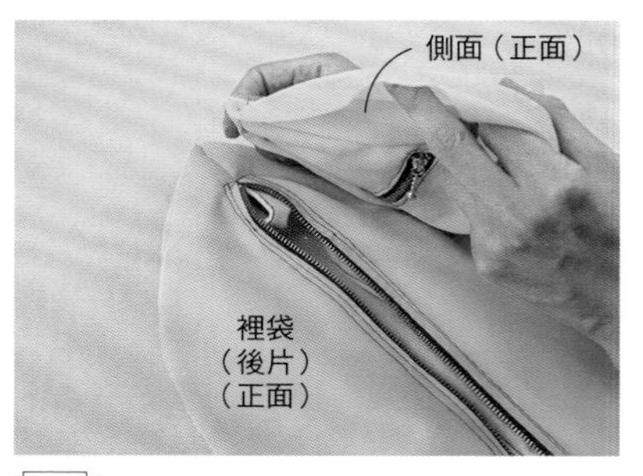

側面（正面）
裡袋
（後片）
（正面）

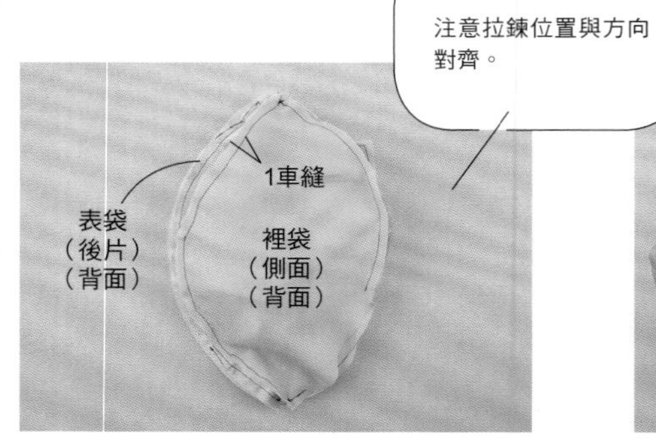

注意拉鍊位置與方向對齊。
Point
1車縫
表袋
（後片）
（背面）
裡袋
（側面）
（背面）

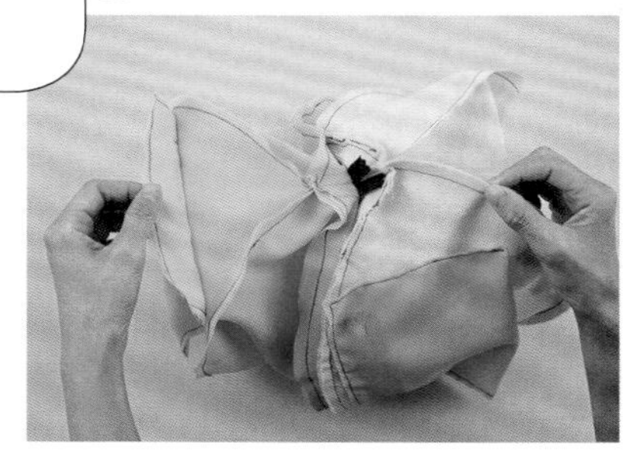

1 Step 2. 的裡袋（側面）與Step3的裡袋（後片）正面相對，縫合兩脇邊。

表袋與裡袋相連，從上方往下看的狀態。

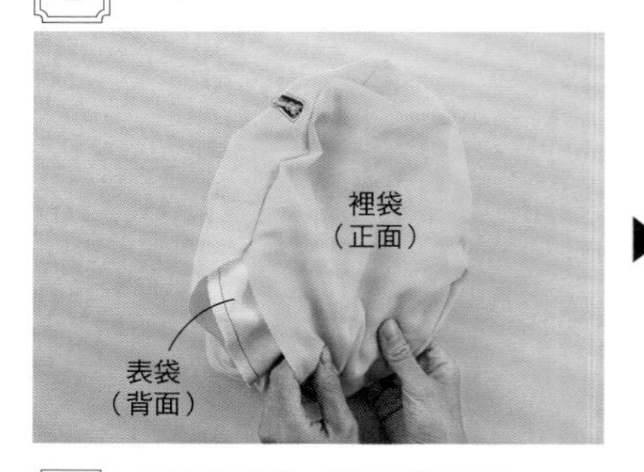

裡袋
（正面）
表袋
（背面）

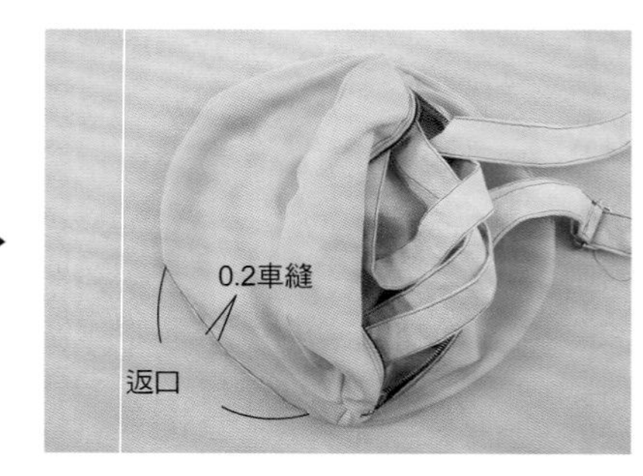

0.2車縫
返口

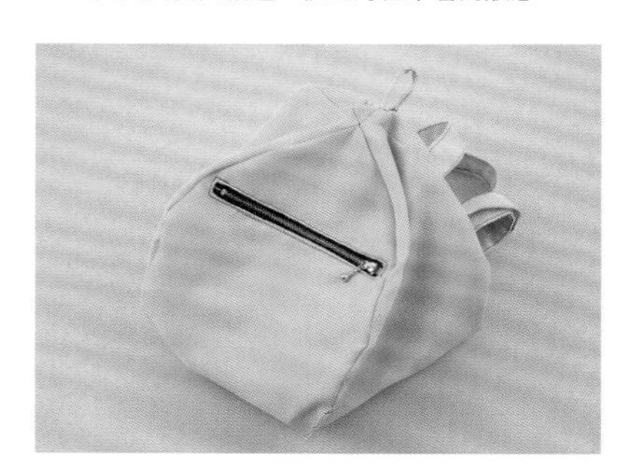

2 裡袋覆蓋表袋，從返口翻回正面。

縫合返口，調整形狀。

\ 完成 /

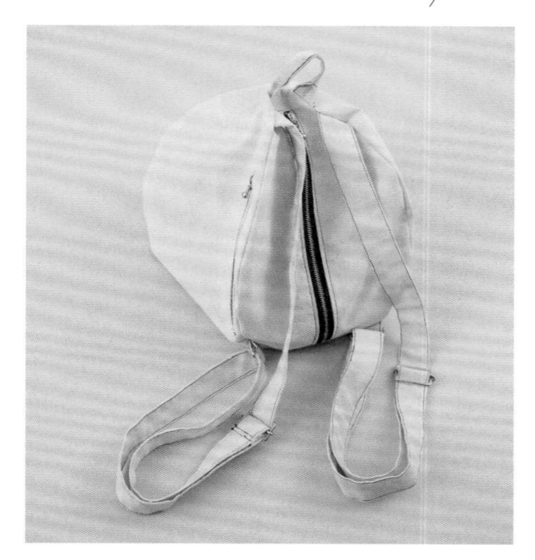

3 從後片的袋口翻回正面，調整形狀後完成。

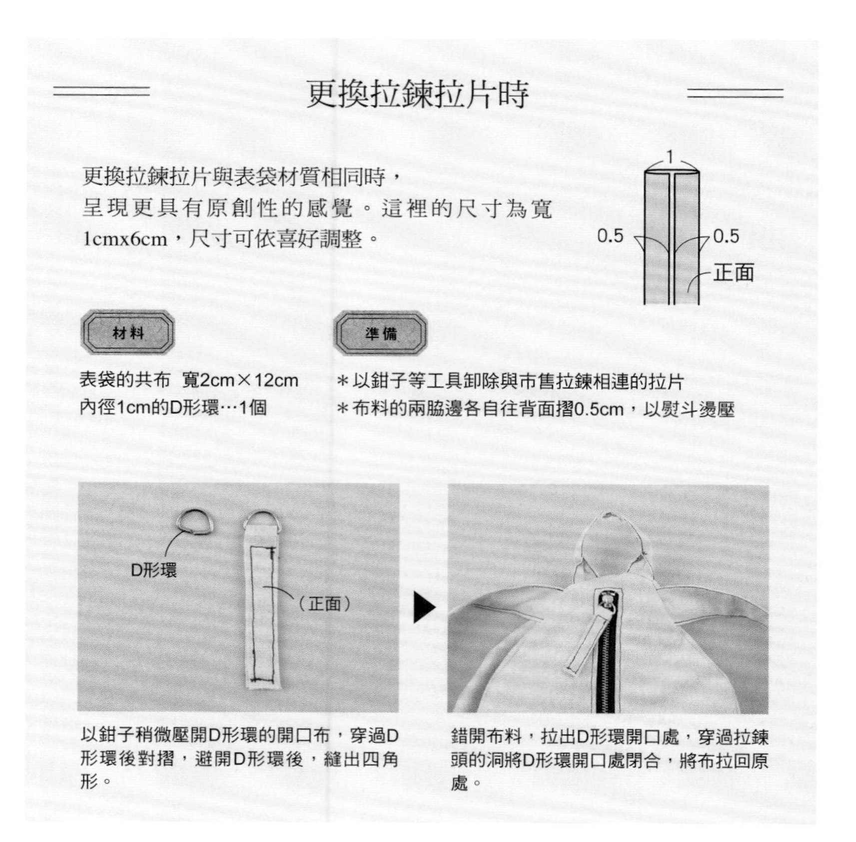

更換拉鍊拉片時

更換拉鍊拉片與表袋材質相同時，
呈現更具有原創性的感覺。這裡的尺寸為寬1cmx6cm，尺寸可依喜好調整。

1
0.5
0.5
正面

材料

表袋的共布 寬2cm×12cm
內徑1cm的D形環…1個

準備

＊以鉗子等工具卸除與市售拉鍊相連的拉片
＊布料的兩脇邊各自往背面摺0.5cm，以熨斗燙壓

D形環
（正面）

以鉗子稍微壓開D形環的開口布，穿過D形環後對摺，避開D形環後，縫出四角形。

錯開布料，拉出D形環開口處，穿過拉鍊頭的洞將D形環開口處閉合，將布拉回原處。

Point Lesson

重點技巧教學

本章將介紹補強金屬件及固定零件的安裝方法、皺褶製作方法。
在細節上運用的作品雖是少數，但製作時是很有用的重點技巧。

Point Lesson 1. 安裝雞眼釦

※「束口袋背包」（p.9／作法p.53）「輕巧肩背包」（p.18／作法p.49）

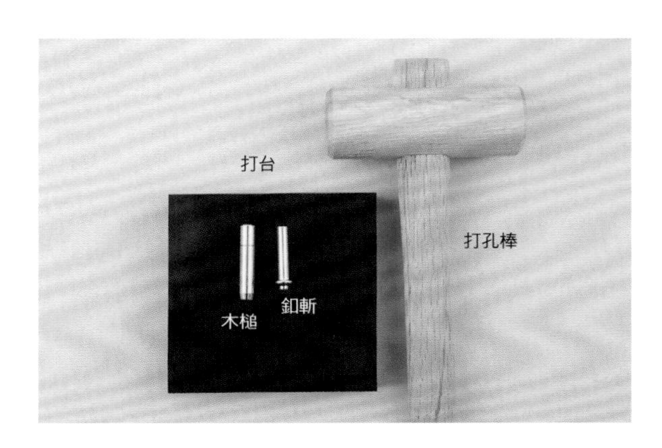
打台
打孔棒
木槌
釦斬

工具具

打台、打孔棒、釦斬、木槌（或鐵鎚）
也有販售雞眼釦零件搭配工具的組合

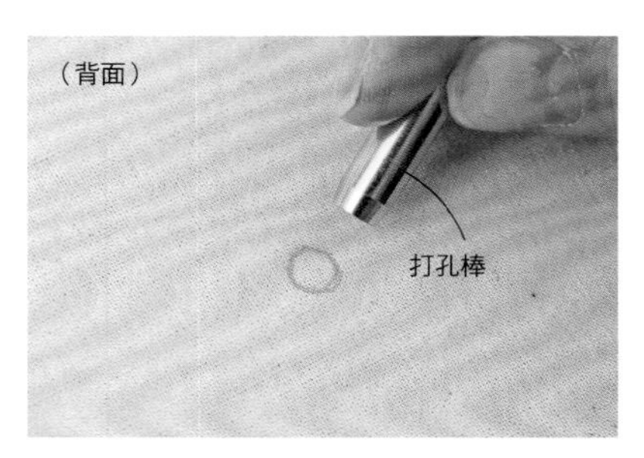
（背面）
打孔棒

1 在雞眼釦位置下方，放上打台在雞眼釦的位置放上打孔棒，壓出痕跡，以粉土筆畫出記號。

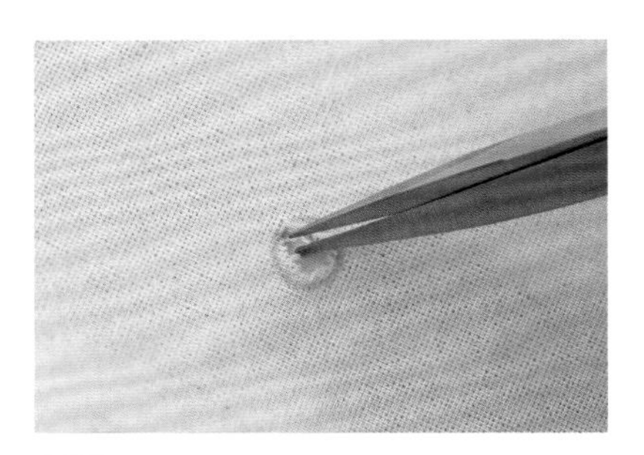

2 在記號的中央，以剪刀前端開孔。

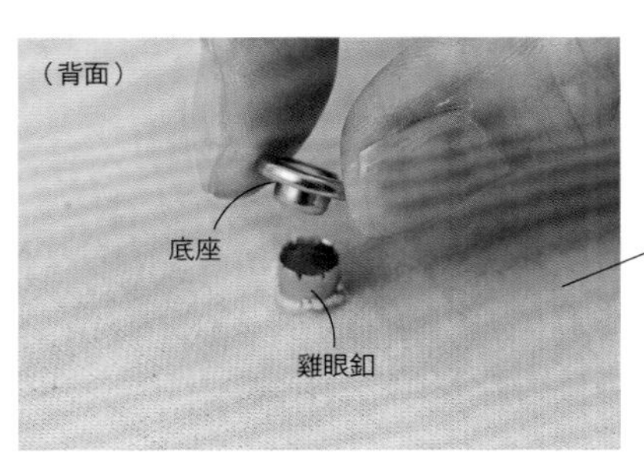
（背面）
底座
雞眼釦

3 從布的正面將雞眼釦插入開孔處，背面蓋上底座。

Check

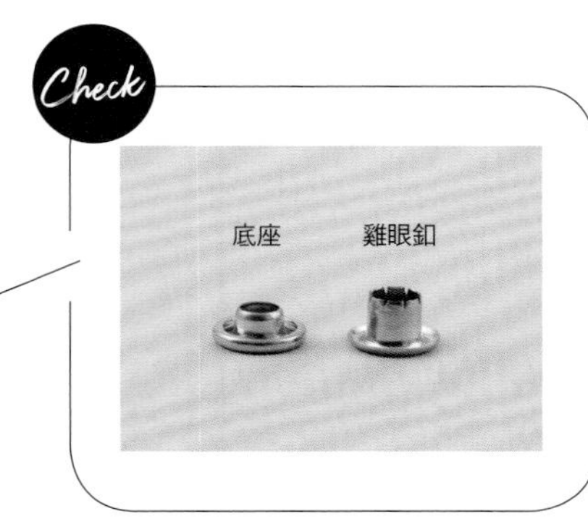
底座
雞眼釦

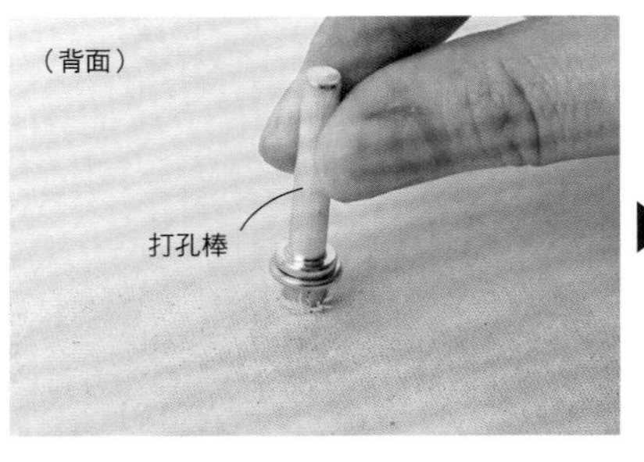
（背面）
打孔棒

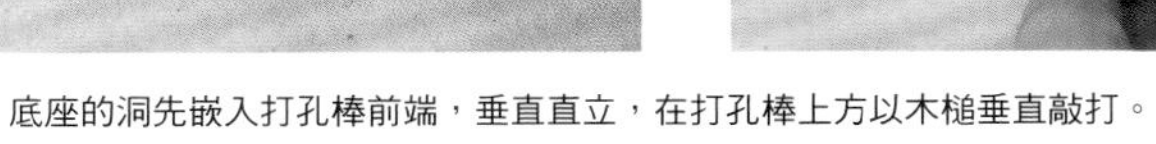

4 底座的洞先嵌入打孔棒前端，垂直直立，在打孔棒上方以木槌垂直敲打。

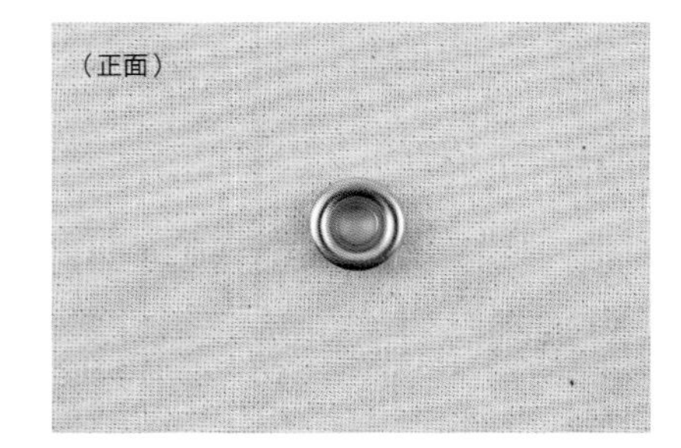
（正面）

雞眼釦安裝完成。

Point Lesson 2. 磁釦的安裝方法

※「附側邊口袋托特包M／L」（p.16／作法p.54）、「迷你托特包」（p.23／作法p.58）

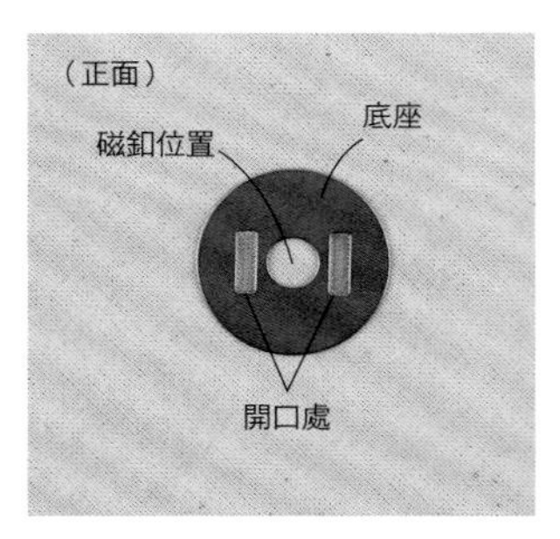
（正面）
磁釦位置
底座
開口處

1 底座重疊與磁釦位置正面，開口處以粉土筆畫上記號。

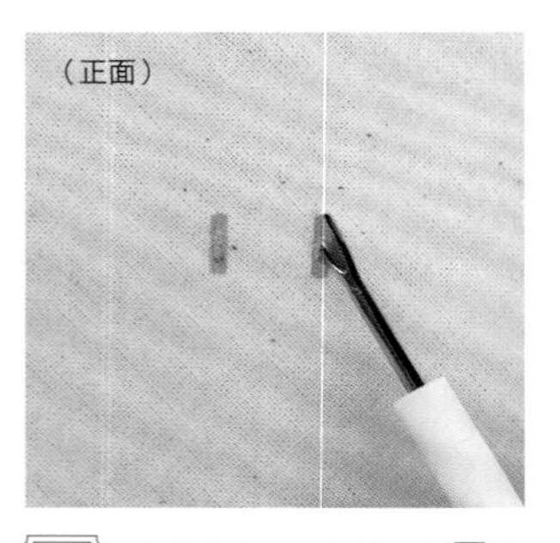
（正面）

2 拿掉底座，以拆線器在1畫上的記號處開牙口。

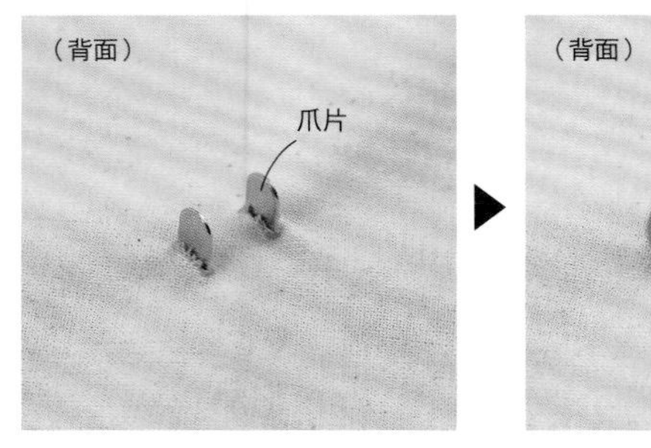
（背面）
爪片
（背面）
底座

3 從布的正面穿入磁釦本體（凹釦或凸釦任一）的爪片，再穿入底座。

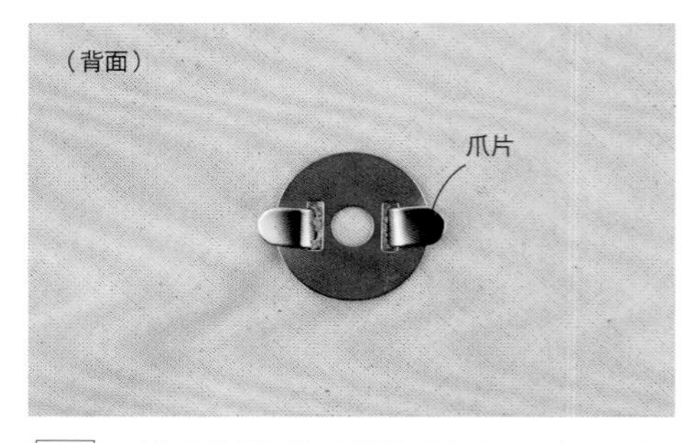
（背面）
爪片

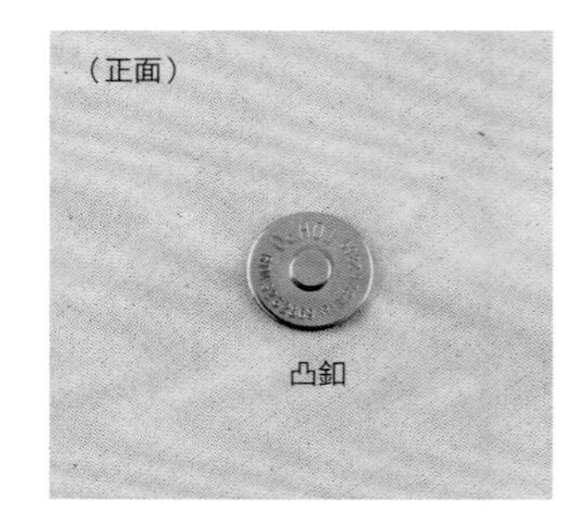
（正面）
凸釦

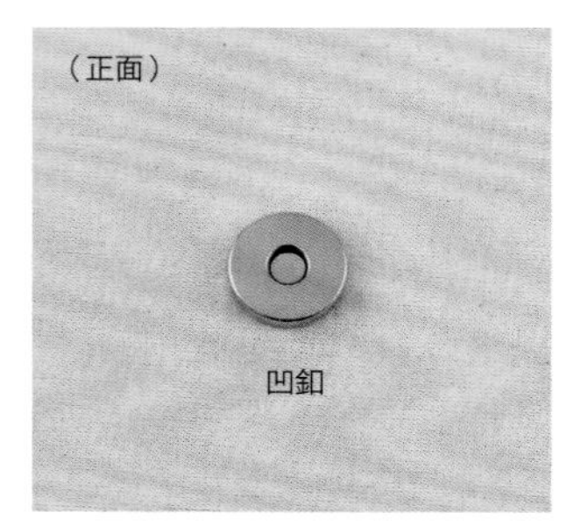
（正面）
凹釦

4 爪片從根部往外側折彎後即完成另一邊的面（凹釦或凸釦任一）也以相同方式安裝。

Point Lesson 3. 製作皺褶提把

※「皺褶提把托特包」（p.33／作法p.72）

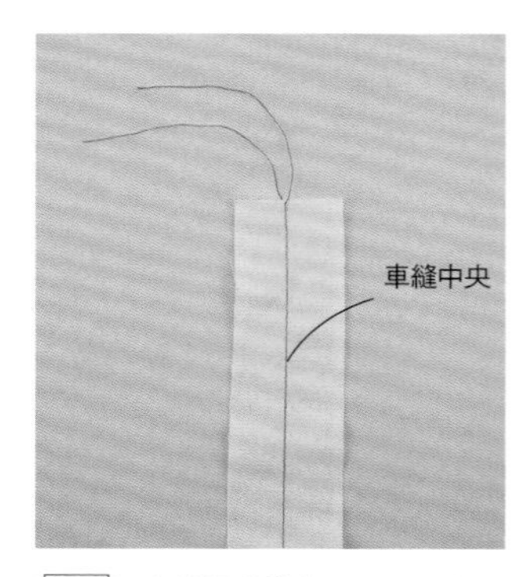
車縫中央

1 在皺褶織帶的中央，以粗針趾車縫線頭預留較長的長度。

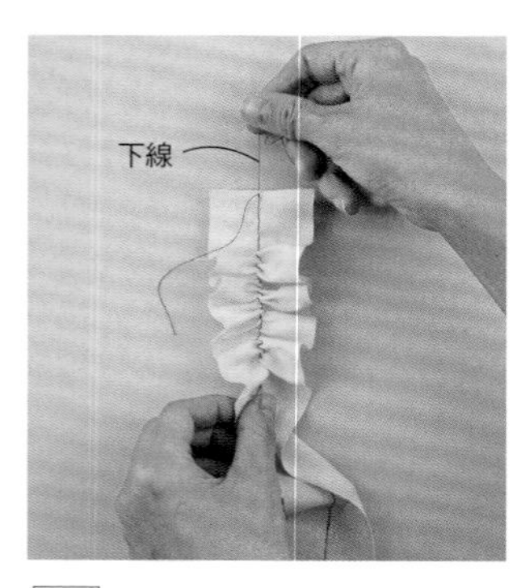
下線

2 拉下線，作出皺褶。

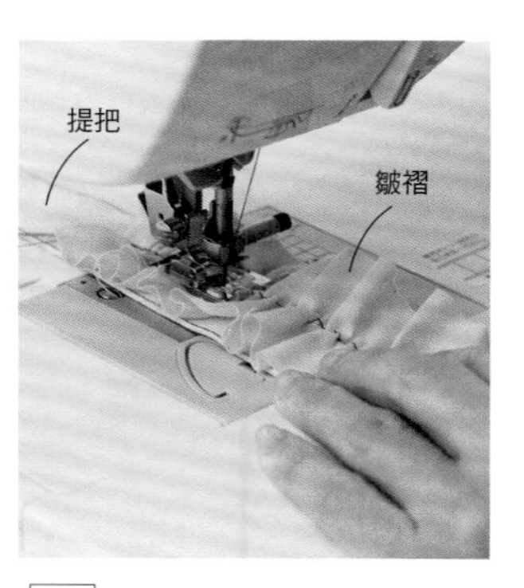
提把
皺褶

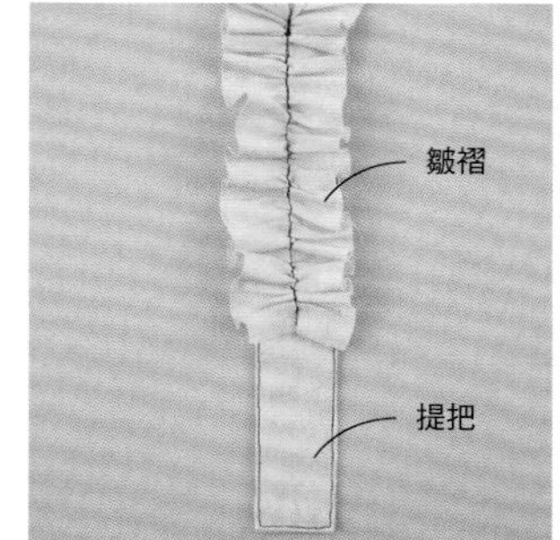
皺褶
提把

3 重疊提把後，縫合，拆1的線。

7. Sacoche

輕巧肩背包

[Photo] — p.18

材料

印花防水布…50×42cm
長度19cm的拉鍊…2條
背繩…140cm
內徑0.5cm的雞眼釦…2組
布標 喜歡的樣式…1片

完成尺寸

寬21×高19cm

原寸紙型

無。在布料上直接畫線裁剪

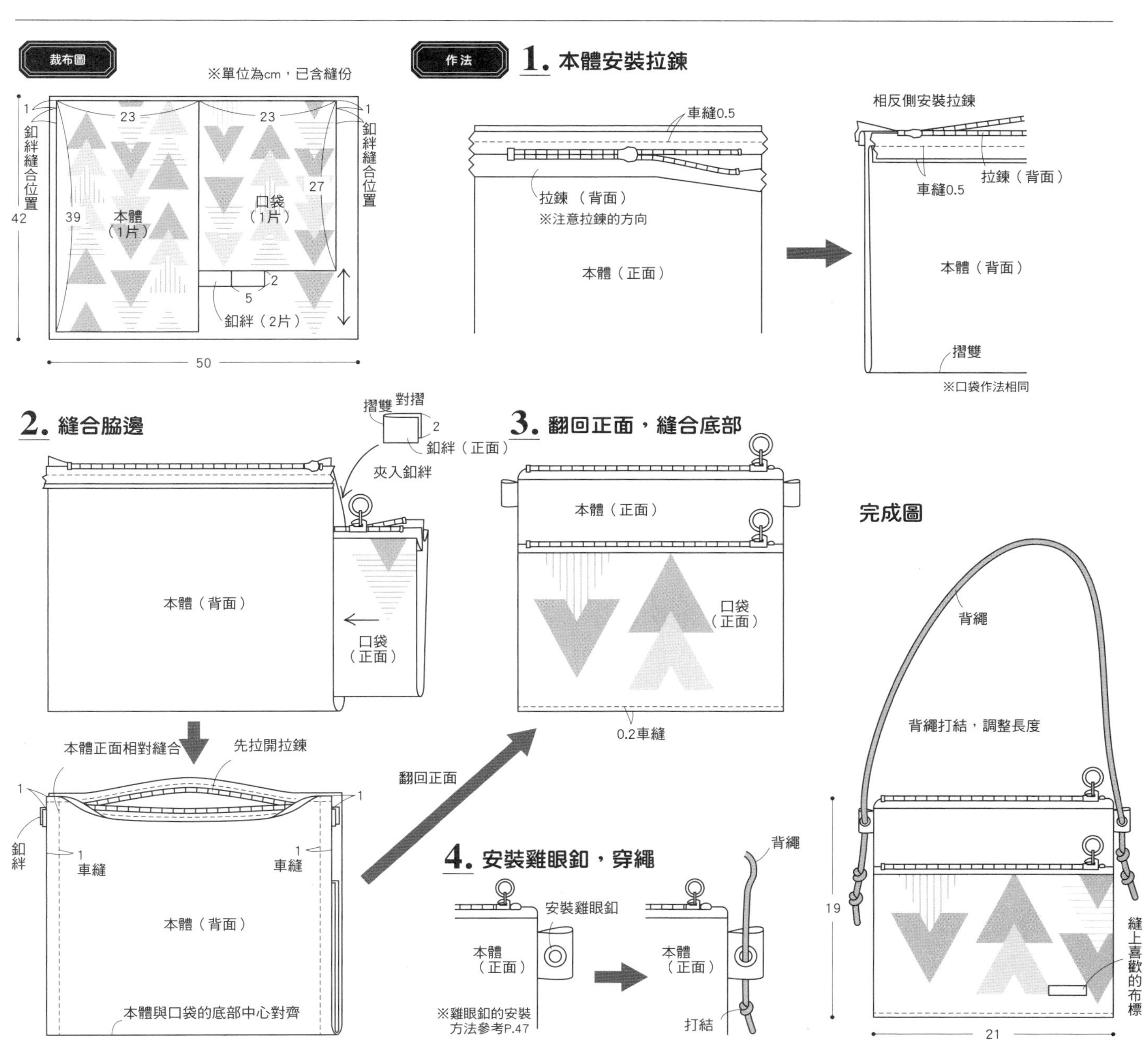
裁布圖
※單位為cm，已含縫份
1
釦絆縫合位置
23
23
1
釦絆縫合位置
42
39
本體
（1片）
口袋
（1片）
27
2
5
釦絆（2片）
50
作法
1. 本體安裝拉鍊
車縫0.5
拉鍊 （背面）
※注意拉鍊的方向
本體（正面）
相反側安裝拉鍊
車縫0.5
拉鍊（背面）
本體（背面）
摺雙
※口袋作法相同
2. 縫合脇邊
摺雙 對摺
2
釦絆（正面）
夾入釦絆
本體（背面）
口袋
（正面）
本體正面相對縫合
先拉開拉鍊
1
1
釦絆
1
車縫
1
車縫
本體（背面）
本體與口袋的底部中心對齊
翻回正面
3. 翻回正面，縫合底部
本體（正面）
口袋
（正面）
0.2車縫
4. 安裝雞眼釦，穿繩
安裝雞眼釦
本體
（正面）
※雞眼釦的安裝
方法參考P.47
背繩
本體
（正面）
打結
完成圖
背繩
背繩打結，調整長度
19
縫上喜歡的布標
21

1. Shoulder Bag with a Dotted Pocket

圓點口袋肩背包

[Photo] —— p.6

材料

軟斜紋棉布…110×110cm
花朵圖案棉布…110×60cm
熱轉印紙…適量

完成尺寸

寬44×高47.5×側身7cm
（不含提把）

原寸紙型

無。在布料上直接畫線裁剪

裁布圖

※單位為cm，已含縫份

軟斜紋棉布

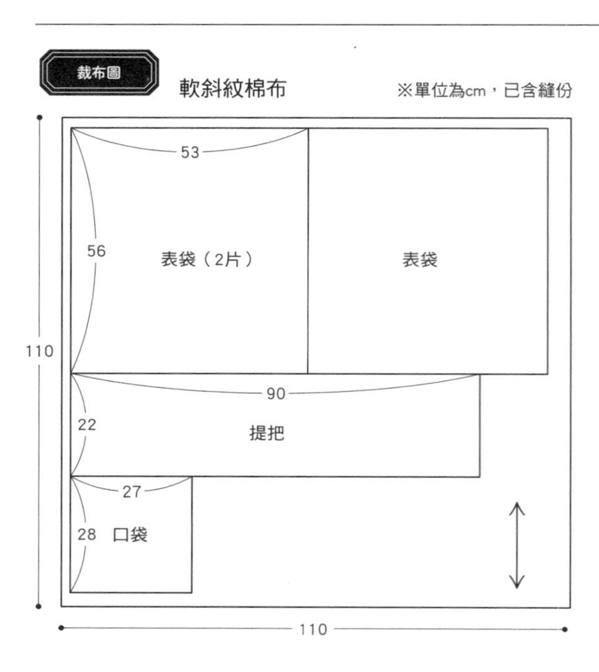

53
56
表袋（2片）
表袋
90
22
提把
27
28 口袋
110
110

花朵圖案棉布

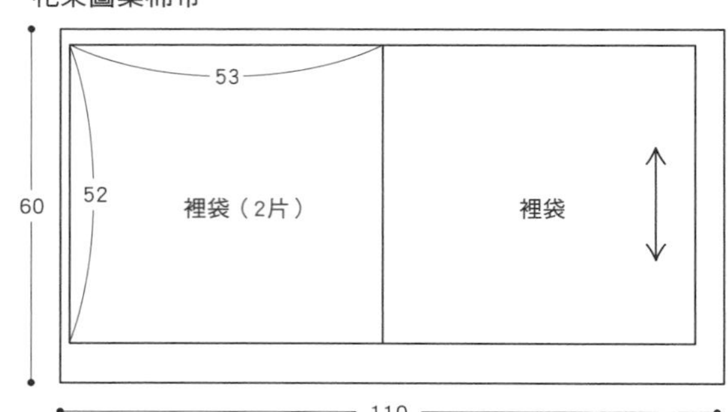

53
52
裡袋（2片）
裡袋
60
110

作法

1. 製作提把

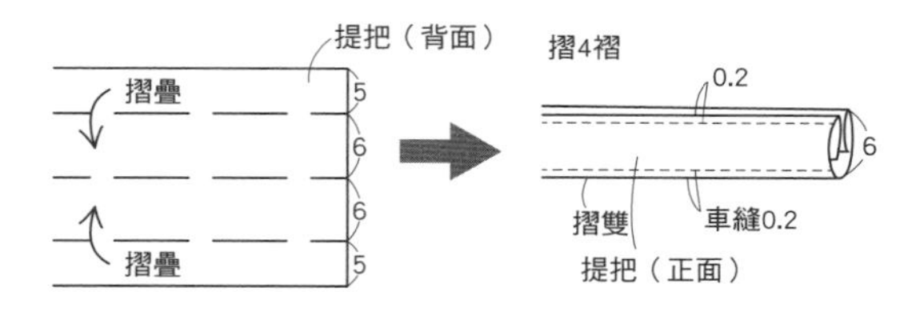

提把（背面）
摺疊
5
6
6
5
摺疊
摺4摺
0.2
6
摺雙
車縫0.2
提把（正面）

2. 製作口袋

3. 製作表袋

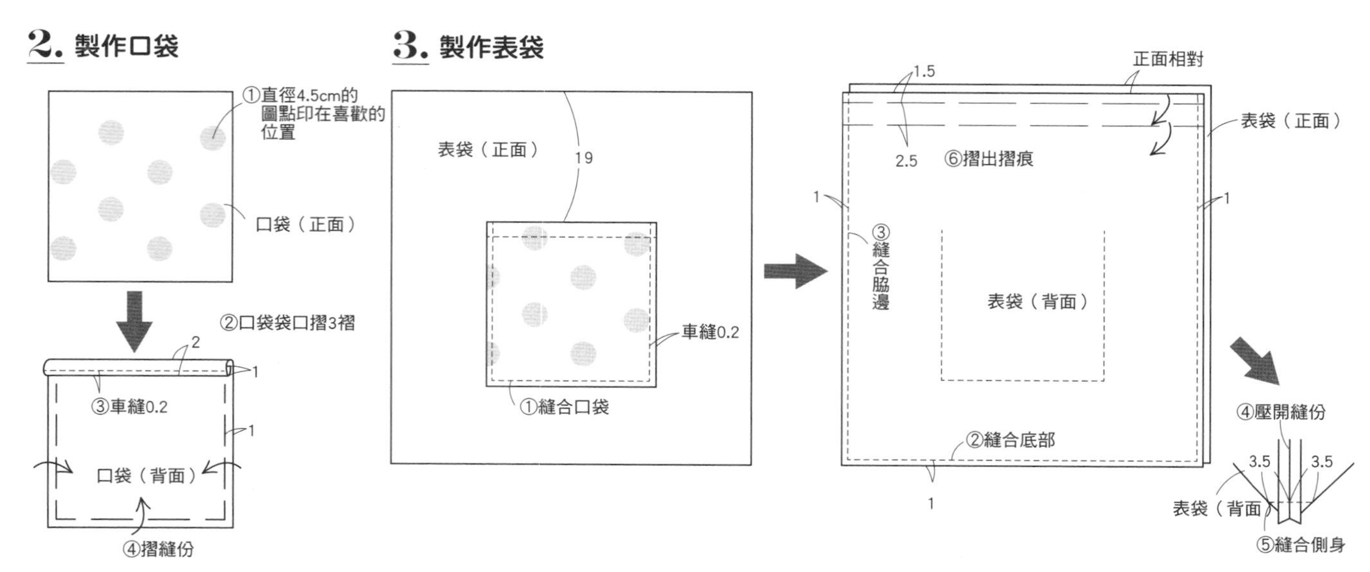

①直徑4.5cm的圖點印在喜歡的位置
口袋（正面）
②口袋袋口摺3摺
2
1
③車縫0.2
1
口袋（背面）
④摺縫份
表袋（正面）
19
車縫0.2
①縫合口袋
1.5
正面相對
表袋（正面）
2.5
⑥摺出摺痕
1
1
③縫合脇邊
表袋（背面）
②縫合底部
1
④壓開縫份
3.5
3.5
表袋（背面）
⑤縫合側身

4. 製作裡袋，與表袋背面相對，縫合袋口

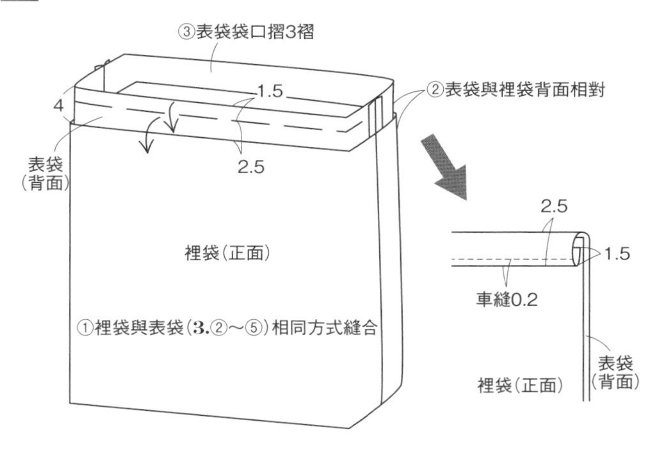

③表袋袋口摺3褶
1.5
②表袋與裡袋背面相對
4
表袋（背面）
2.5
裡袋（正面）
①裡袋與表袋（3.②～⑤）相同方式縫合
2.5
1.5
車縫0.2
裡袋（正面）
表袋（背面）

5. 縫上提把

提把
8
1摺疊
車縫0.1至0.2
表袋（正面）
脇邊

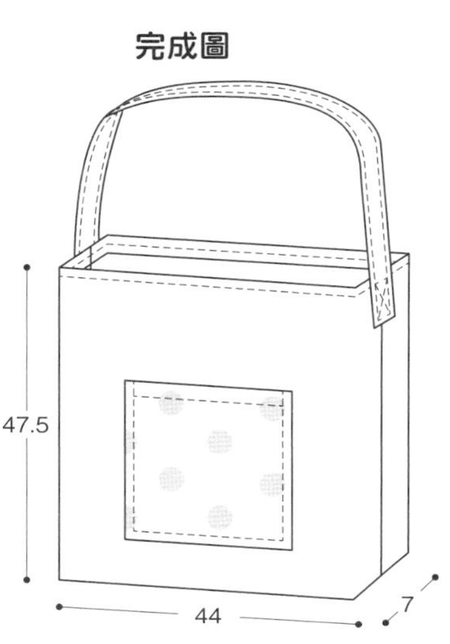

完成圖
47.5
44
7

熱轉印的方法

〔材料 工具〕

熱轉印紙、半透明紙張（描圖紙、牛皮紙等）、剪刀（使用美工刀時，請準備切割墊）、鉛筆、墊布（也可以使用烘焙紙）、熨斗、熨斗台

〔準備作業〕

以熨斗燙平要轉印的布，先取下線頭及灰塵。

熱轉印紙（3張入）／清原株式会社

※布面凹凸的織紋或有粗糙感的布料，轉印時可能會有顏色上色不完整的情況發生。

1. 在想要轉印的圖案上，重疊半透明紙張，裁剪製作紙型大小依喜好調整。

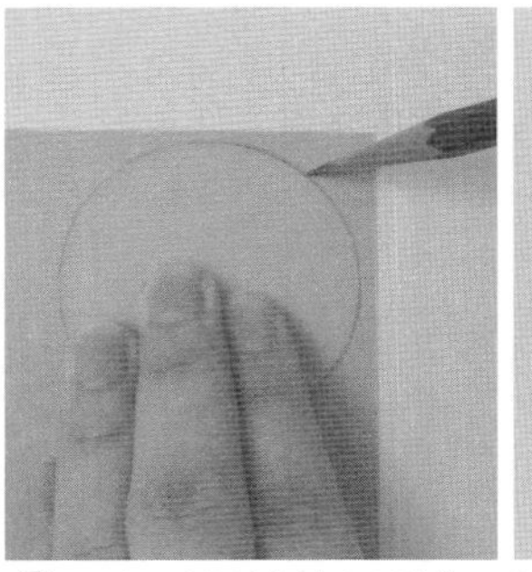

有墨水的正面

2. 將1.重疊於熱轉印紙的背面（白色紙張那面），以鉛筆畫出輪廓，裁剪熱轉印紙

※具左右方向的圖案，請以相反方向複寫

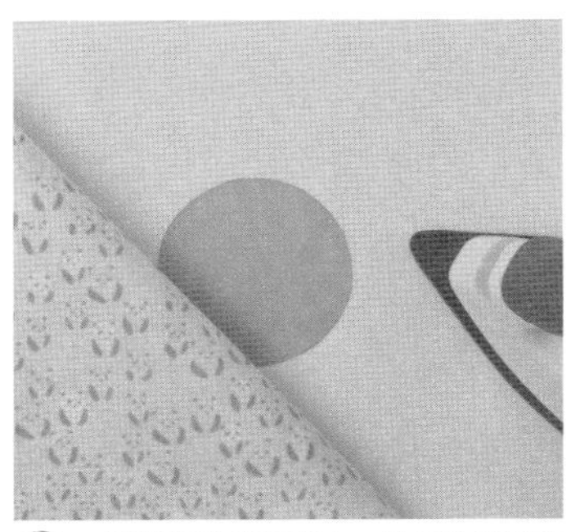

3. 轉印紙的背面朝上，放置於要轉印的布上。

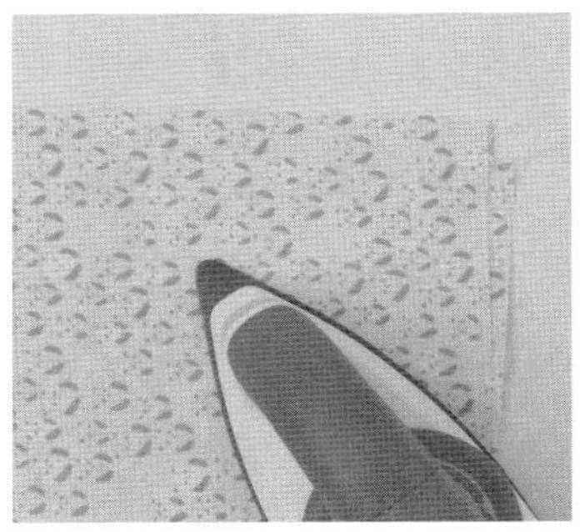

4. 3.的上方放置墊布，使用中溫至高溫的熨斗燙壓5至10秒。

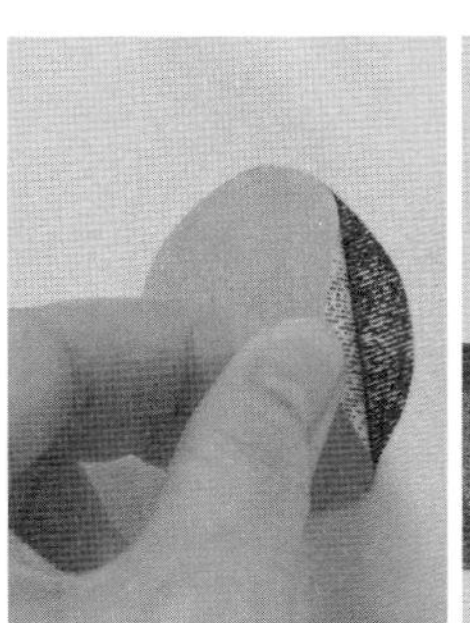

5. 在熱度還沒降溫前，撕下背面紙張後，完成除了布料的觸感，依熨斗按壓時間的不同，成品的感覺也會改變。

2. Trapezoid Bag with a Grommet Handle

橢圓提把梯形包

[Photo] —— p.8

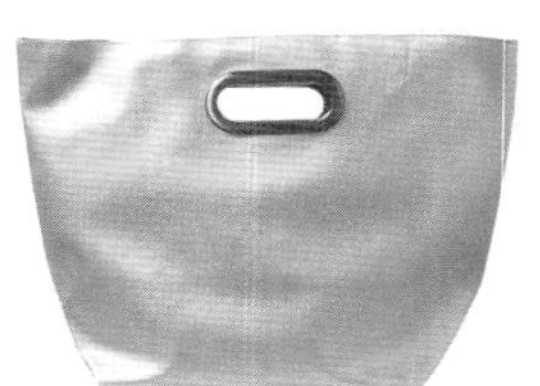

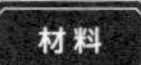
材料

人工皮革…50×80cm
灰色棉布…50×80cm
橢圓提把（雞眼釦式摺爪片款）（11×5cm）…2組

完成尺寸

寬26×高度29×側身16cm

原寸紙型

A面…表袋、裡袋

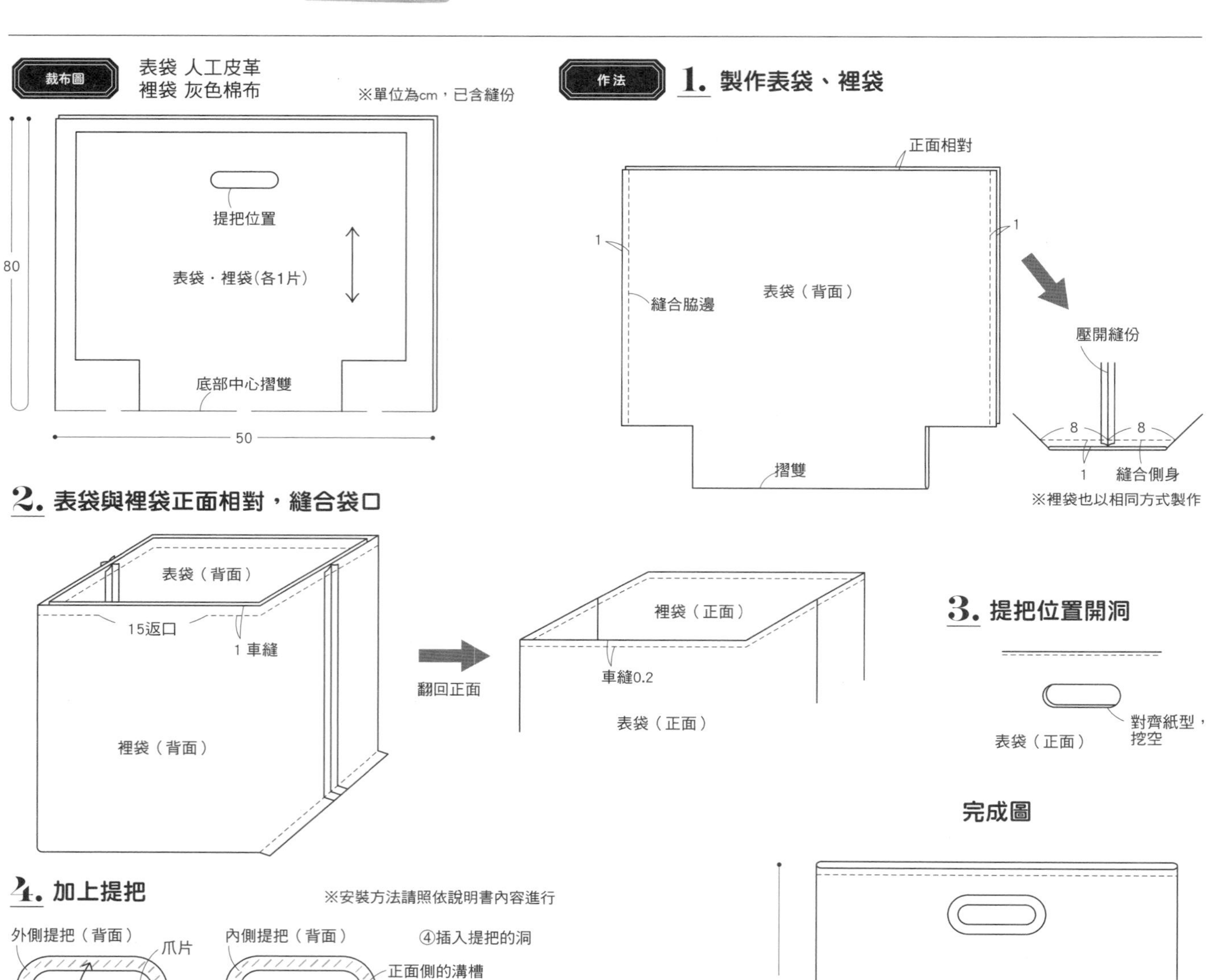
裁布圖
表袋 人工皮革
裡袋 灰色棉布
※單位為cm，已含縫份
提把位置
80
表袋・裡袋(各1片)
底部中心摺雙
50
作法
1. 製作表袋、裡袋
正面相對
1
1
縫合脇邊
表袋（背面）
摺雙
壓開縫份
8
8
1
縫合側身
※裡袋也以相同方式製作
2. 表袋與裡袋正面相對，縫合袋口
表袋（背面）
15返口
1 車縫
裡袋（背面）
翻回正面
裡袋（正面）
車縫0.2
表袋（正面）
3. 提把位置開洞
表袋（正面）
對齊紙型，挖空
完成圖
29
16
26
4. 加上提把
※安裝方法請照依說明書內容進行
外側提把（背面）
爪片
內側提把（背面）
④插入提把的洞
正面側的溝槽
①塗上接著劑
②放上紙繩
③紙繩再塗上接著劑
恢復原本的樣子
紙繩
⑤摺爪片
斷面圖
以硬質工具壓合
鉗子
內側提把
裡袋
表袋
墊布
外側提把

3. Knapsack

束口袋背包

[Photo] —— p.9

材料

調色盤帆布…110×40cm
灰色棉布…94×40cm
寬0.4cm的繩子…200cm×2條
內徑0.4cm的雞眼釦…2組

完成尺寸

寬36×高度49cm

原寸紙型

無。在布料上直接畫線裁剪

裁布圖

調色盤帆布　　灰色棉布　　※單位為cm，已含縫份

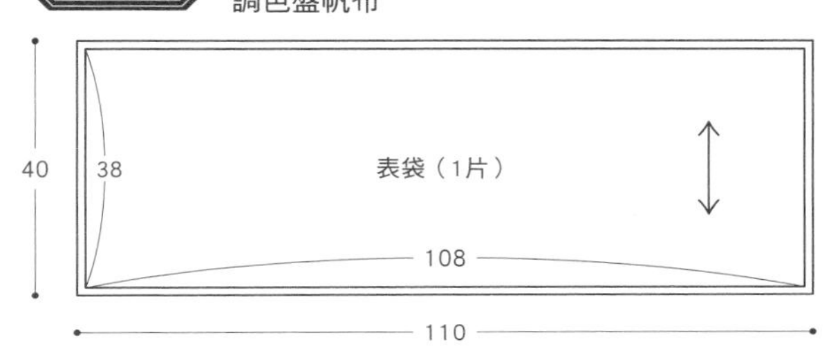

40
38
表袋（1片）
108
110

40
38
裡袋（1片）
92
94

作法

1. 製作表袋

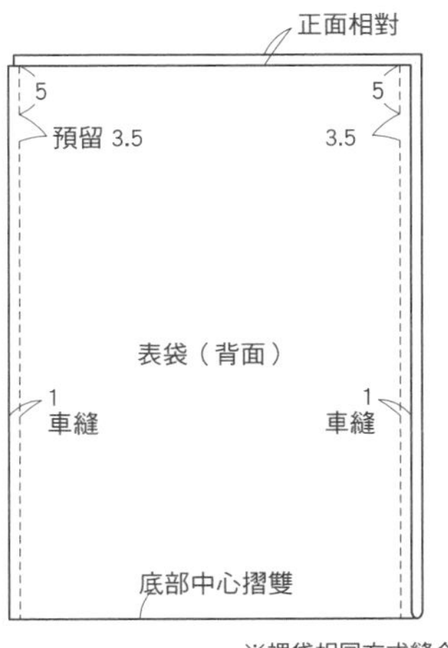

正面相對
5
5
預留 3.5
3.5
表袋（背面）
1
車縫
1
車縫
底部中心摺雙

※裡袋相同方式縫合

2. 表袋與裡袋背面相對，製作穿繩空間

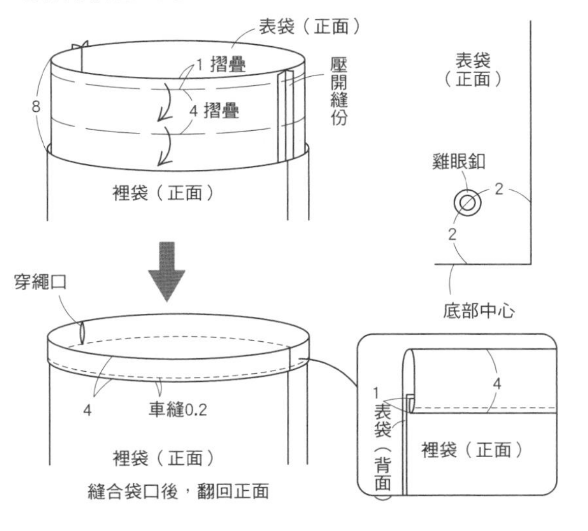

表袋（正面）
1 摺疊
4 摺疊
8
壓開縫份
裡袋（正面）
穿繩口
4
車縫0.2
裡袋（正面）
縫合袋口後，翻回正面

3. 安裝雞眼釦

※雞眼釦的安裝方法參考P.47

表袋（正面）
雞眼釦
2
2
底部中心
1
表袋（背面）
4
裡袋（正面）

4. 穿繩

完成圖

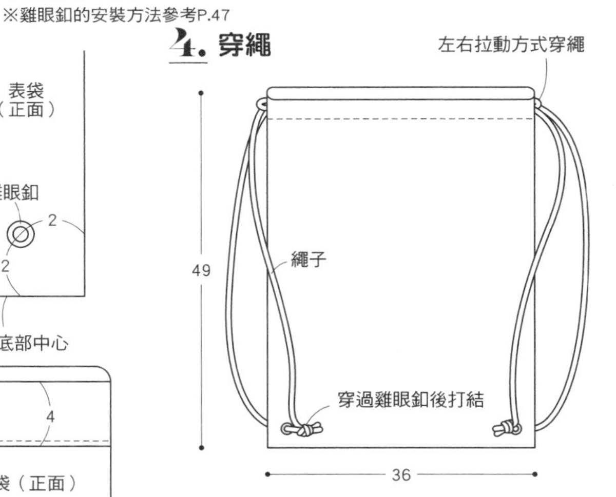

左右拉動方式穿繩
49
繩子
穿過雞眼釦後打結
36

6. Tote Bag with a Side Pockets

附側邊口袋托特包 M/L

[Photo] —— p.16

材料

〈M〉紅色8號帆布…110× 60 cm
直紋棉布…110×40cm
紅色棉布…40×15cm
布襯…90×40cm
長度17cm的拉鍊…1條
直徑1.8cm的磁釦…1組

〈L〉深藍帆布…110×80cm
直紋棉布…110×60cm
深藍棉布…45×25cm
布襯…110×70cm
長度20cm的拉鍊…1條
直徑1.8cm的磁釦…1組

完成尺寸

〈M〉寬29×高20×側身12cm
（不含提把）
〈L〉寬38×高29.5×側身13cm
（不含提把）

原寸紙型

A面…底部、裡袋

裁布圖

Ⓜ 紅色8號帆布

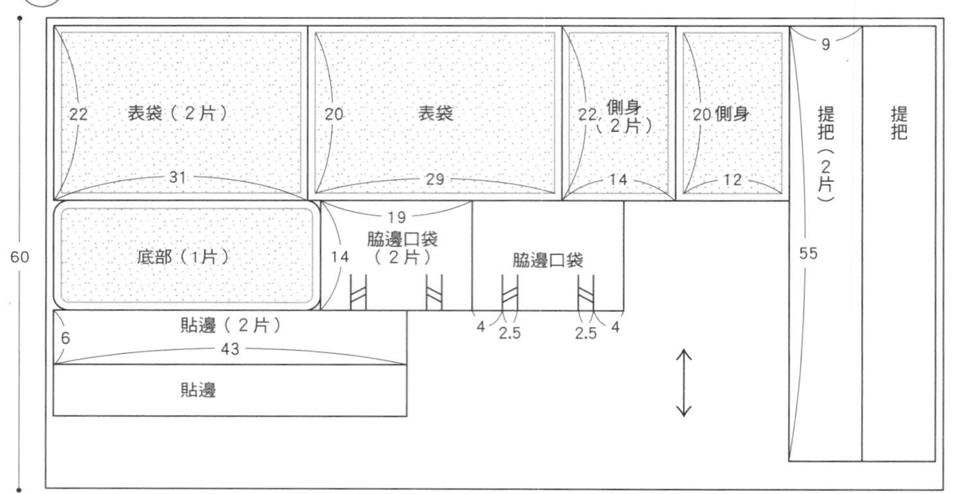

22
表袋（2片）
31
20
表袋
29
22
側身（2片）
14
20
側身
12
9
提把（2片）
提把
55
60
底部（1片）
19
14
脇邊口袋（2片）
脇邊口袋
4
2.5
2.5
4
貼邊（2片）
6
43
貼邊
110

※單位為cm，已含縫份
※表袋、側身、貼邊、脇邊口袋、提把、拉鍊口袋、內口袋在布料上直接畫線裁剪
※ 無縫份（1cm）的布襯貼於背面

Ⓜ 直紋棉布

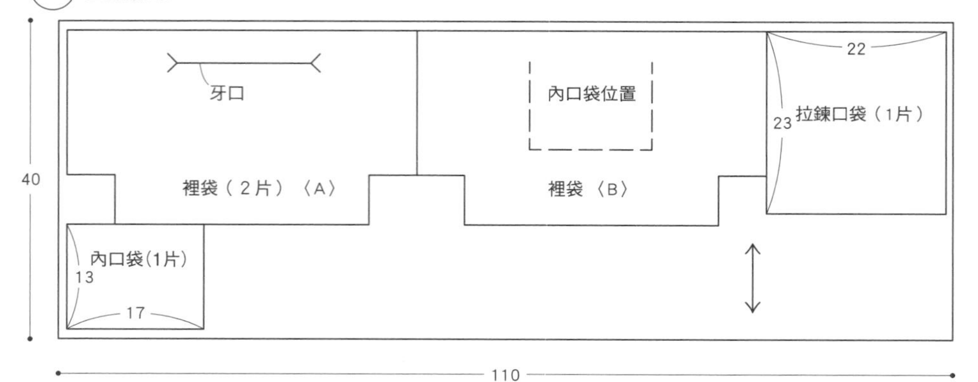

牙口
內口袋位置
22
23 拉鍊口袋（1片）
40
裡袋（2片）〈A〉
裡袋〈B〉
內口袋(1片)
13
17
110

Ⓜ 紅色棉布

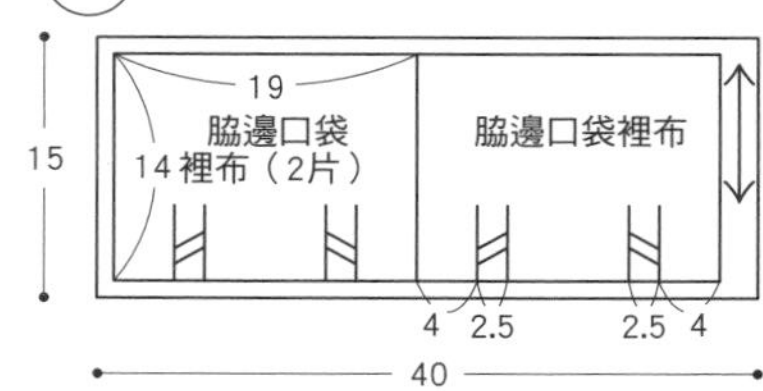

19
脇邊口袋
14 裡布（2片）
脇邊口袋裡布
15
4
2.5
2.5
4
40

Ⓛ 深藍8號帆布

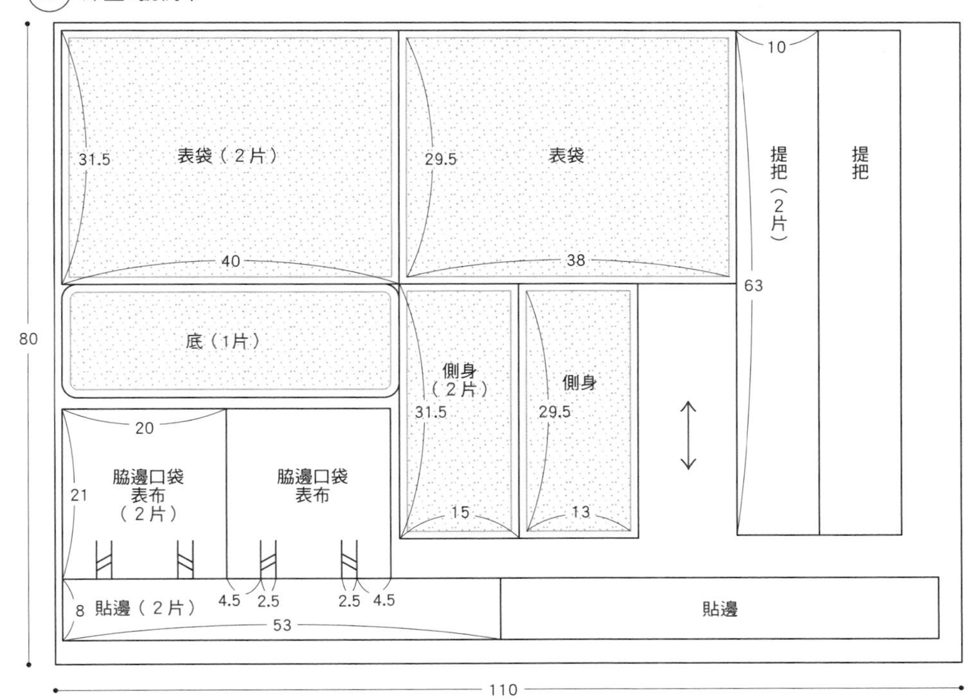
表袋（2片）
31.5
40
表袋
29.5
38
10
提把（2片）
提把
63
底（1片）
側身（2片）
31.5
15
側身
29.5
13
20
脇邊口袋表布（2片）
21
脇邊口袋表布
8
貼邊（2片）
4.5
2.5
2.5
4.5
53
貼邊
80
110

Ⓛ 貼邊直紋棉布

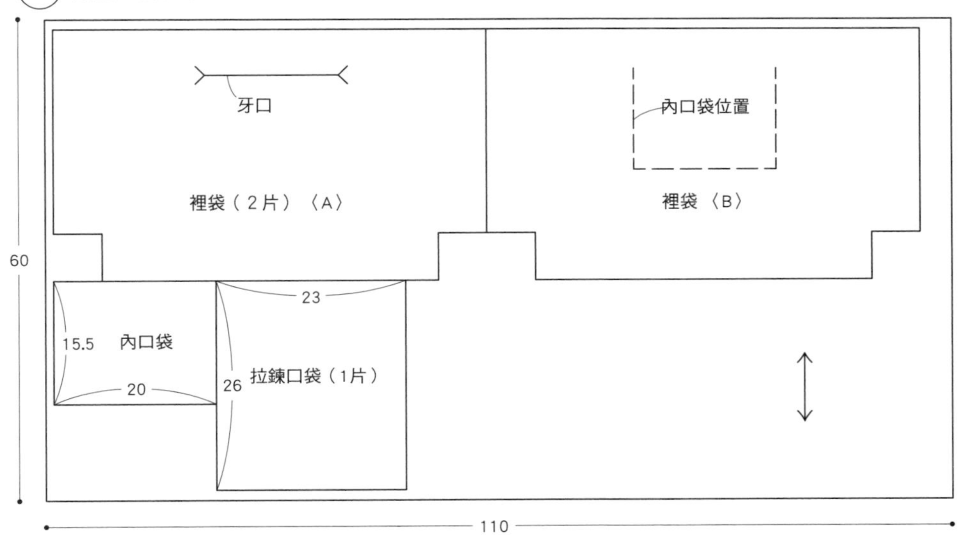
牙口
裡袋（2片）〈A〉
內口袋位置
裡袋〈B〉
15.5
內口袋
20
23
26
拉鍊口袋（1片）
60
110

Ⓛ 深藍棉布

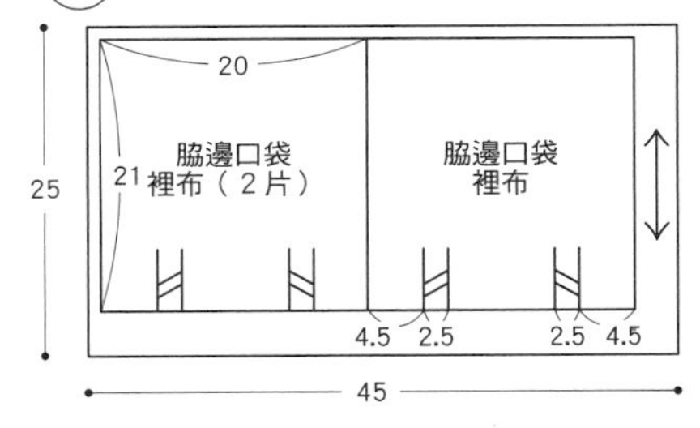
20
21
脇邊口袋裡布（2片）
脇邊口袋裡布
4.5
2.5
2.5
4.5
25
45

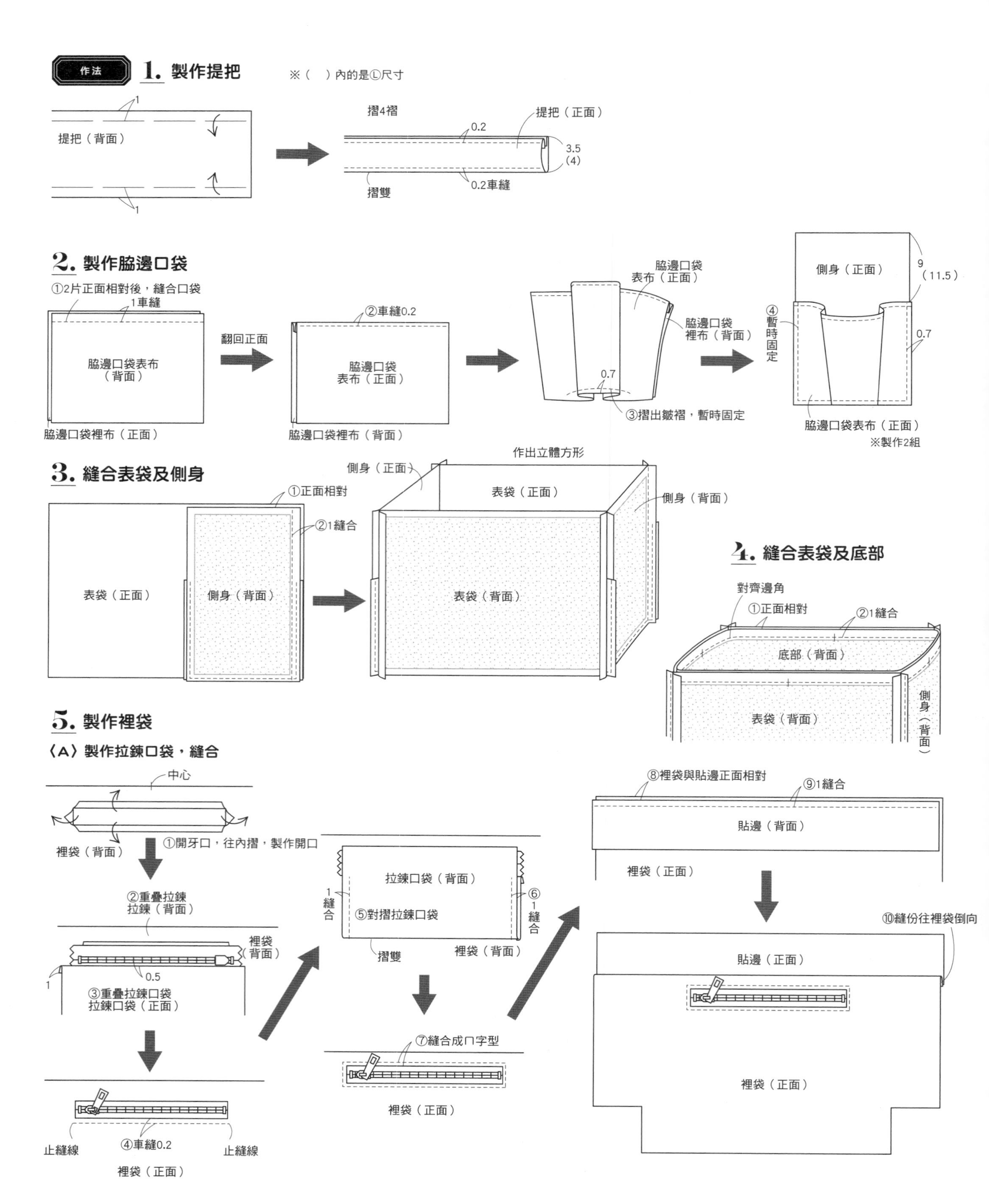
作法
1. 製作提把
※（ ）內的是Ⓛ尺寸
1
提把（背面）
1
摺4摺
0.2
提把（正面）
3.5
（4）
摺雙
0.2車縫
2. 製作脇邊口袋
①2片正面相對後，縫合口袋
1車縫
脇邊口袋表布
（背面）
脇邊口袋裡布（正面）
翻回正面
②車縫0.2
脇邊口袋
表布（正面）
脇邊口袋裡布（背面）
脇邊口袋
表布（正面）
脇邊口袋
裡布（背面）
0.7
③摺出皺褶，暫時固定
④暫時固定
側身（正面）
9
（11.5）
0.7
脇邊口袋表布（正面）
※製作2組
3. 縫合表袋及側身
①正面相對
②1縫合
表袋（正面）
側身（背面）
作出立體方形
側身（正面）
表袋（正面）
側身（背面）
表袋（背面）
4. 縫合表袋及底部
對齊邊角
①正面相對
②1縫合
底部（背面）
表袋（背面）
側身（背面）
5. 製作裡袋
〈A〉製作拉鍊口袋，縫合
中心
裡袋（背面）
①開牙口，往內摺，製作開口
②重疊拉鍊
拉鍊（背面）
裡袋
（背面）
1
0.5
③重疊拉鍊口袋
拉鍊口袋（正面）
止縫線
④車縫0.2
止縫線
裡袋（正面）
拉鍊口袋（背面）
1縫合
⑤對摺拉鍊口袋
⑥1縫合
摺雙
裡袋（背面）
⑦縫合成ㄇ字型
裡袋（正面）
⑧裡袋與貼邊正面相對
⑨1縫合
貼邊（背面）
裡袋（正面）
⑩縫份往裡袋倒向
貼邊（正面）
裡袋（正面）

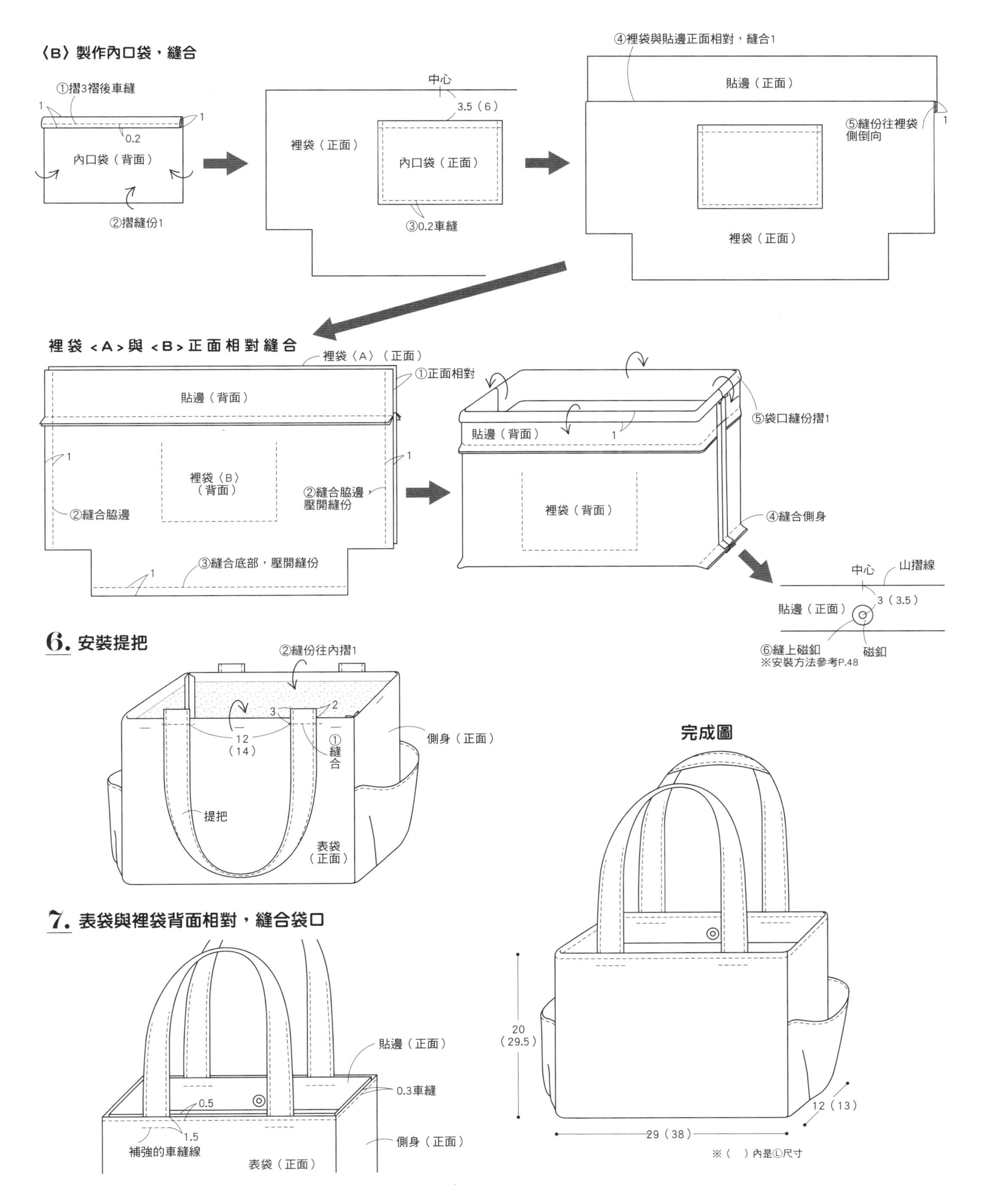
〈B〉製作內口袋，縫合
①摺3褶後車縫
1
1
0.2
內口袋（背面）
②摺縫份1
中心
3.5（6）
裡袋（正面）
內口袋（正面）
③0.2車縫
④裡袋與貼邊正面相對，縫合1
貼邊（正面）
⑤縫份往裡袋側倒向
1
裡袋（正面）
裡袋＜A＞與＜B＞正面相對縫合
裡袋〈A〉（正面）
①正面相對
貼邊（背面）
1
裡袋〈B〉（背面）
②縫合脇邊壓開縫份
1
②縫合脇邊
③縫合底部，壓開縫份
1
貼邊（背面）
1
⑤袋口縫份摺1
裡袋（背面）
④縫合側身
中心
山摺線
3（3.5）
貼邊（正面）
⑥縫上磁釦
※安裝方法參考P.48
磁釦
6. 安裝提把
②縫份往內摺1
3
2
12（14）
①縫合
側身（正面）
提把
表袋（正面）
完成圖
7. 表袋與裡袋背面相對，縫合袋口
貼邊（正面）
0.3車縫
0.5
1.5
補強的車縫線
側身（正面）
表袋（正面）
20（29.5）
29（38）
12（13）
※（ ）內是Ⓛ尺寸

11. Mini Tote Bag

迷你托特包

[Photo] —— p.23

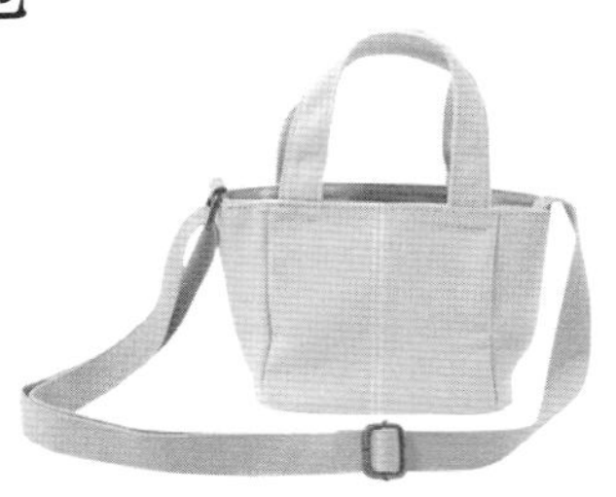

材料

粉紅8號帆布…90×35cm
直紋棉布…90×20cm
布襯…70×20cm
寬2.5的棉質織帶…140cm
長度12cm的拉鍊…1條
內徑2.5cm的口字環…1個
內徑2.5cm的日字環…1個
直徑1.8cm的磁釦…1組

完成尺寸

寬14× 高14×側身9cm
（不含提把）

原寸紙型

A面…底部、裡袋

裁布圖

粉紅8號帆布

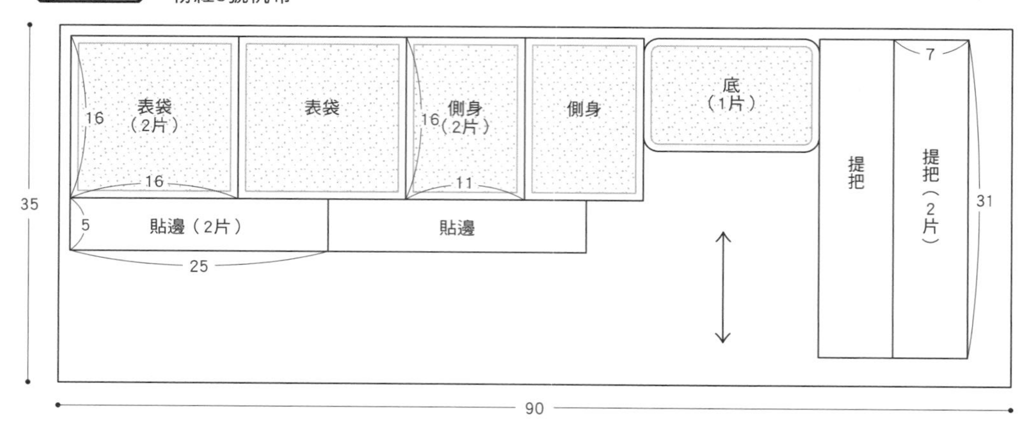

表袋（2片）
表袋
側身（2片）
側身
底（1片）
提把
提把（2片）
貼邊（2片）
貼邊
16
16
16
11
5
25
7
31
35
90

※單位為cm，已含縫份
※表袋、側身、貼邊、提把、拉鍊口袋、內口袋在布料上直接畫線裁剪
※ 無縫份（1cm）的布襯貼於背面

直紋棉布

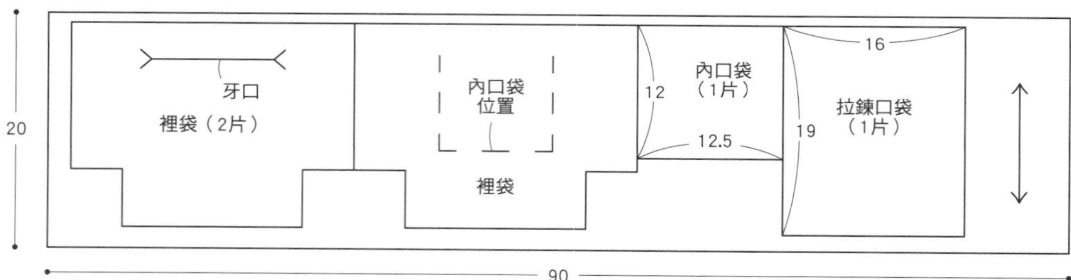

牙口
裡袋（2片）
內口袋位置
裡袋
內口袋（1片）
拉鍊口袋（1片）
12
12.5
16
19
20
90

作法

1. 棉質織帶（穿日字環的方法P.45）

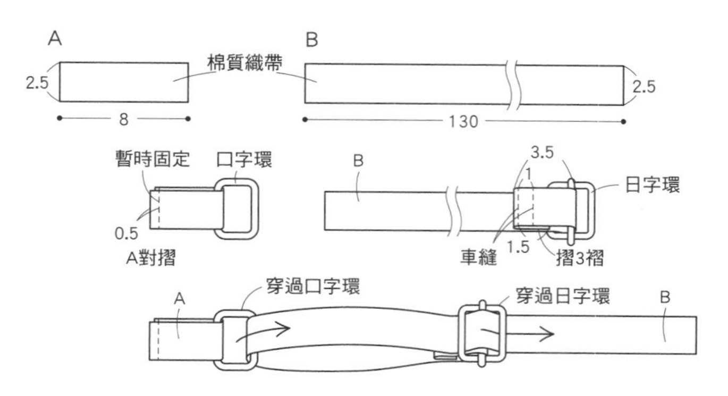

A
B
棉質織帶
2.5
8
130
2.5
暫時固定
口字環
0.5
A對摺
B
3.5
1
日字環
1.5
車縫
摺3褶
A
穿過口字環
穿過日字環
B

2. 製作提把

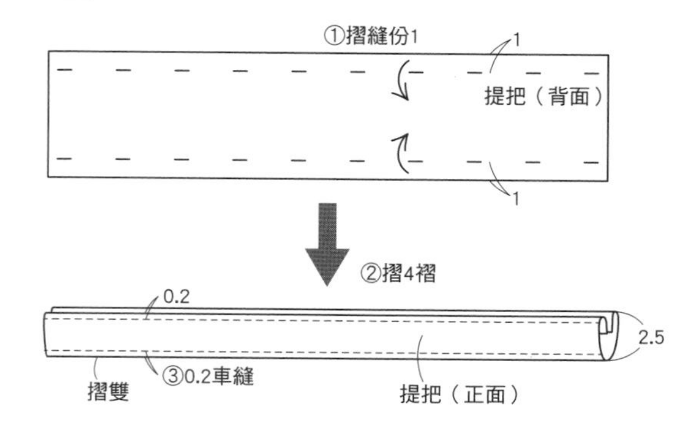

①摺縫份1
1
提把（背面）
1
②摺4褶
0.2
2.5
摺雙
③0.2車縫
提把（正面）

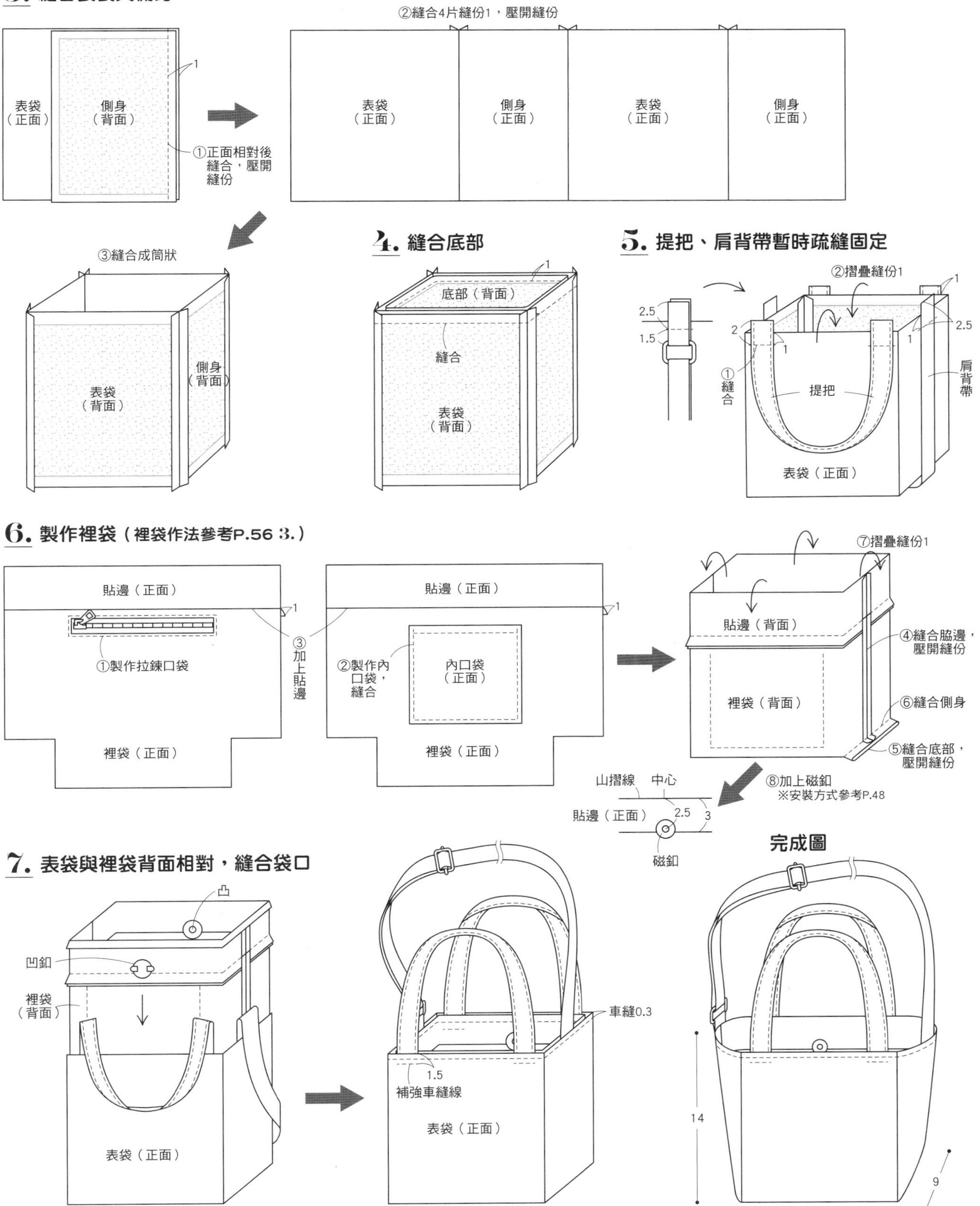

3. 縫合表袋與側身
②縫合4片縫份1，壓開縫份
表袋（正面）
側身（背面）
1
①正面相對後縫合，壓開縫份
表袋（正面）
側身（正面）
表袋（正面）
側身（正面）
③縫合成筒狀
表袋（背面）
側身（背面）
4. 縫合底部
底部（背面）
縫合
表袋（背面）
5. 提把、肩背帶暫時疏縫固定
②摺疊縫份1
2.5
1.5
2
1
①縫合
提把
肩背帶
表袋（正面）
6. 製作裡袋（裡袋作法參考P.56 3.）
貼邊（正面）
①製作拉鍊口袋
③加上貼邊
裡袋（正面）
貼邊（正面）
②製作內口袋，縫合
內口袋（正面）
裡袋（正面）
⑦摺疊縫份1
貼邊（背面）
④縫合脇邊，壓開縫份
裡袋（背面）
⑥縫合側身
⑤縫合底部，壓開縫份
⑧加上磁釦
※安裝方式參考P.48
山摺線
中心
貼邊（正面）
2.5
3
磁釦
7. 表袋與裡袋背面相對，縫合袋口
凸
凹釦
裡袋（背面）
表袋（正面）
車縫0.3
1.5
補強車縫線
表袋（正面）
完成圖
14
9
14

4. *Chubby and Round Shoulder Bag*

圓滾滾肩背包 S／M／L

［Photo］ —— p.10

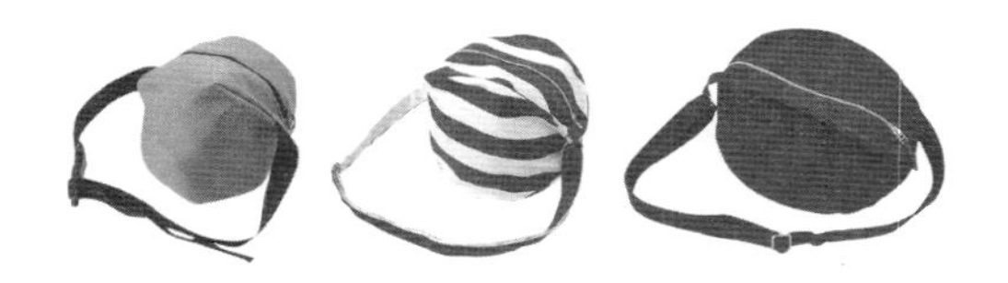

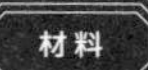

材料

〈L〉 黑色11號帆布…110×150cm
黑色棉布…110×80cm
長度32cm的拉鍊…1條
長度18cm的拉鍊…1條
寬0.7cm的黑色皮革帶…12cm
內徑3cm的口字環…1個
內徑3cm的日字環…1個

〈M〉 調色盤帆布
條紋款…108×150 cm
印花棉布…110×40cm
長度28cm的拉鍊…1條
內徑2.5cm的口字環…1個
內徑2.5cm的日字環1個

〈S〉 輕巧尼龍布…73×50cm
印花棉布…90×30cm
長度22cm的拉鍊…1條
寬度3cm的黑色壓克力織帶…120cm
內徑3cm的塑膠釦頭

完成尺寸

〈L〉 寬44×高23×側身23cm
〈M〉 寬36×高23×側身23cm
〈S〉 寬26×高17×側身17cm

原寸紙型

A面…表袋、裡袋、口袋〈L〉

裁布圖

※單位為cm
※已含縫份
※肩背帶、口字環釦絆、內口袋在布料上直接畫線裁剪

Ⓛ 表袋 黑色11號帆布

上面（1片）
牙口
側面（2片）
底面（1片）
側面
6
6
6
口字環釦絆（1片）
144
肩背帶（2片）
150
110

裡袋 黑色棉布

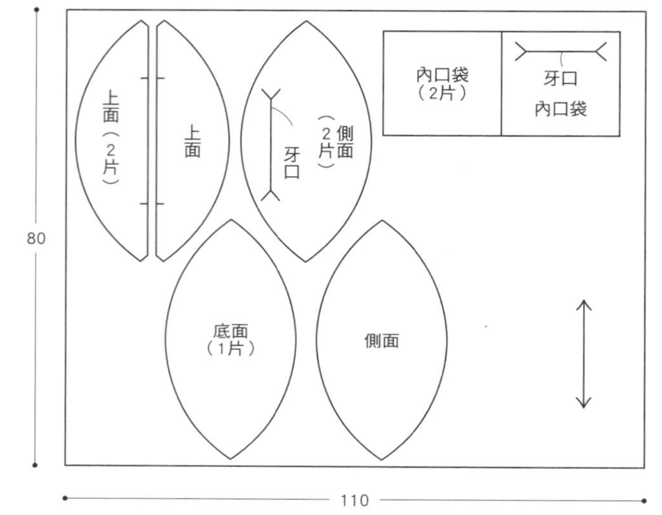

上面（2片）
上面
牙口
側面（2片）
內口袋（2片）
牙口
內口袋
底面（1片）
側面
80
110

Ⓜ 表袋 調色盤帆布條紋款

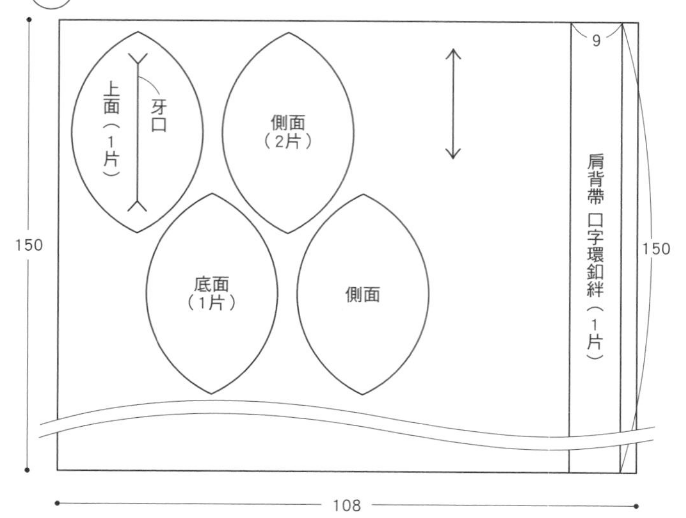

上面（1片）
牙口
側面（2片）
底面（1片）
側面
9
肩背帶 口字環釦絆（1片）
150
150
108

裡袋 印花棉布

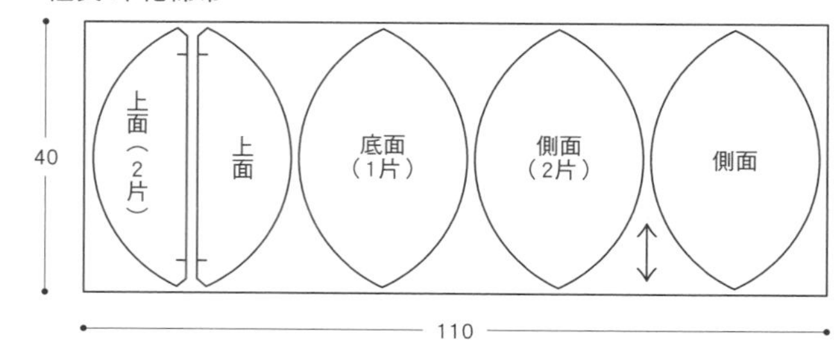

上面（2片）
上面
底面（1片）
側面（2片）
側面
40
110

Ⓢ 表袋 輕巧尼龍布

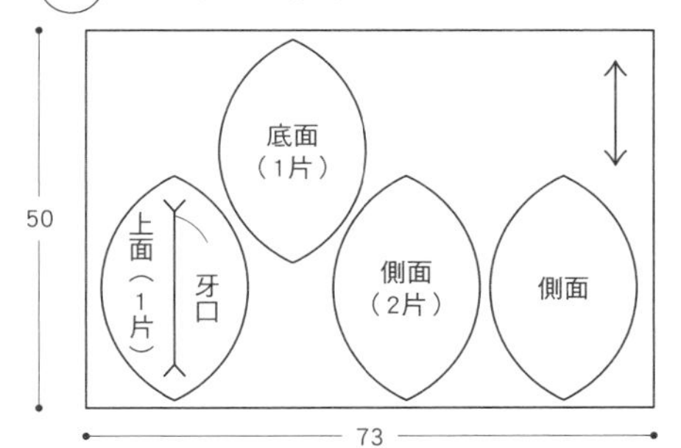

底面
（1片）
上面（1片）
牙口
側面
（2片）
側面
50
73

裡袋 印花棉布

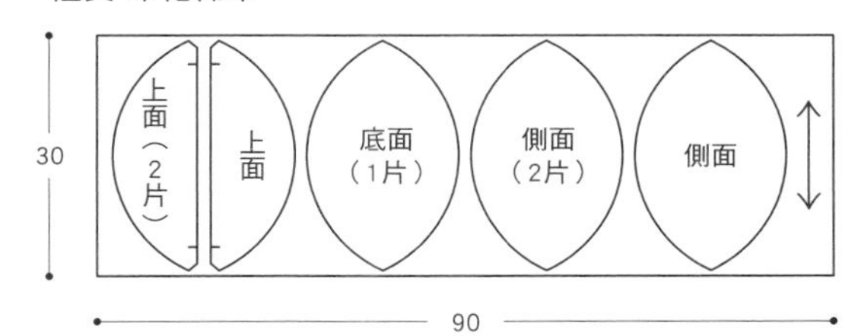

上面（2片）
上面
底面
（1片）
側面
（2片）
側面
30
90

作法

1. 裡袋與表袋縫上拉鍊（P.42 1.、P.43 3.、Ⓛ參考4.）

2. 製作肩背帶 ※Ⓢ尺寸製作釦絆

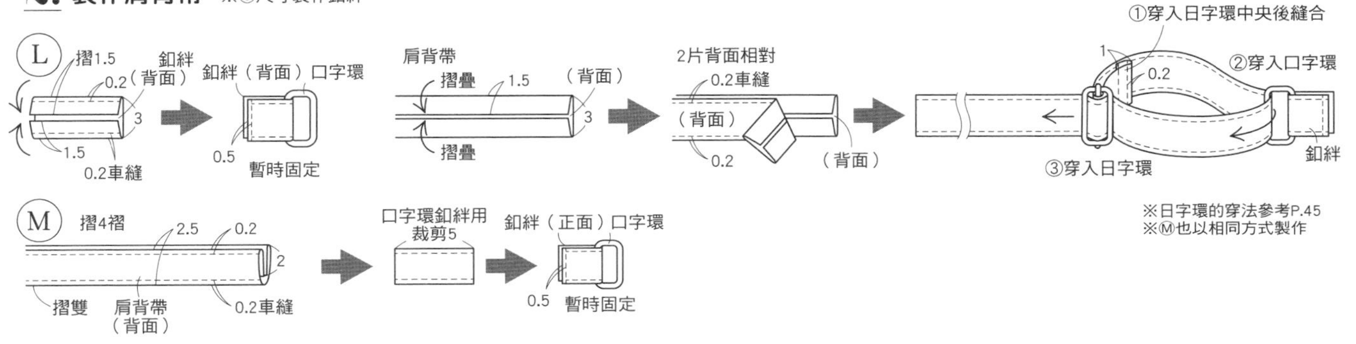

Ⓛ
摺1.5
釦絆
（背面）
0.2
3
1.5
0.2車縫
釦絆（背面）口字環
0.5
暫時固定
肩背帶
摺疊
1.5
（背面）
3
摺疊
2片背面相對
0.2車縫
（背面）
0.2
（背面）
①穿入日字環中央後縫合
1
0.2
②穿入口字環
釦絆
③穿入日字環
※日字環的穿法參考P.45
※Ⓜ也以相同方式製作
Ⓜ
摺4褶
2.5
0.2
2
摺雙
肩背帶
（背面）
0.2車縫
口字環釦絆用
裁剪5
釦絆（正面）口字環
0.5
暫時固定

4. 製作表袋，縫合裡袋（P.45 9.、P.46 10.）

3. 縫合裡袋（參考P.42 2.）

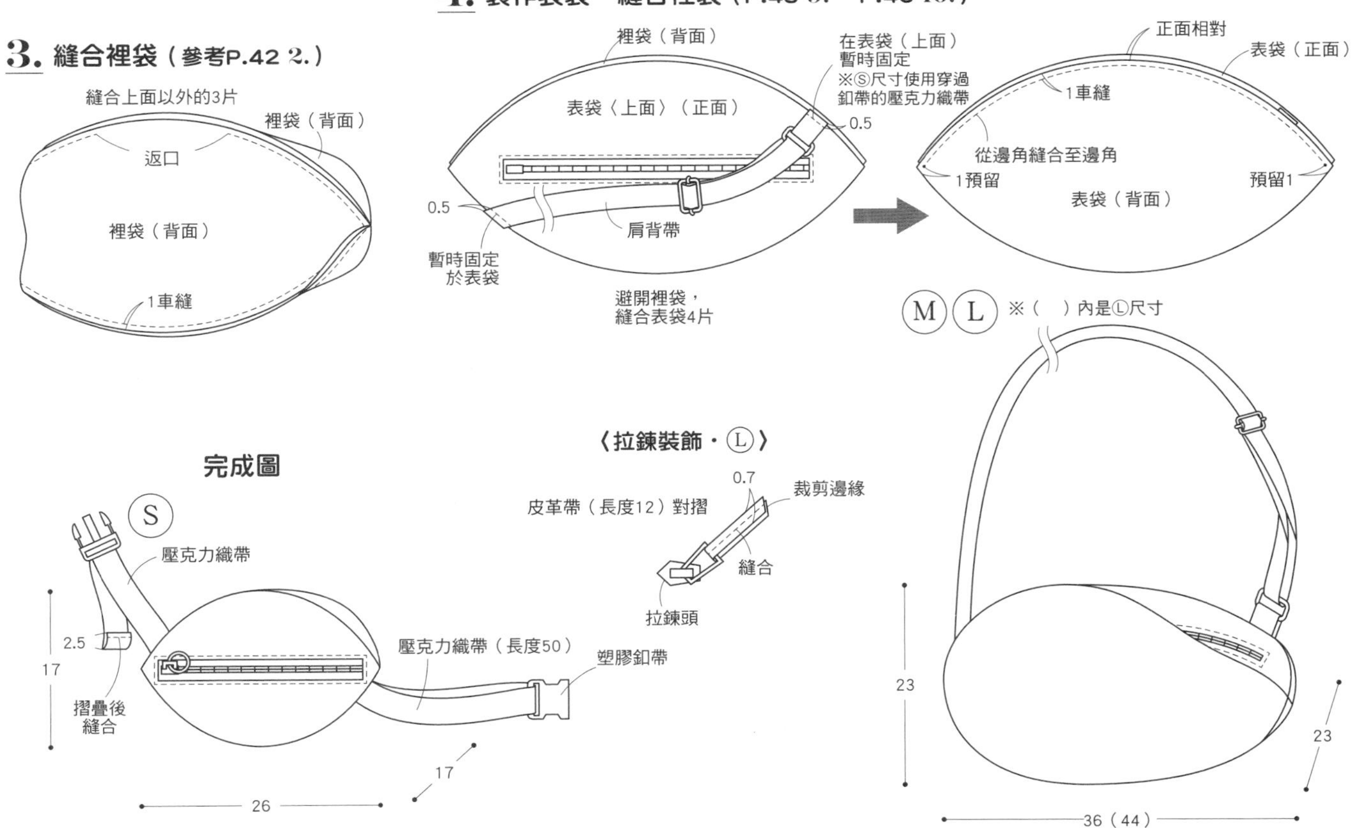

縫合上面以外的3片
裡袋（背面）
返口
裡袋（背面）
1車縫
裡袋（背面）
表袋（上面）（正面）
在表袋（上面）
暫時固定
※Ⓢ尺寸使用穿過
釦帶的壓克力織帶
0.5
0.5
肩背帶
暫時固定
於表袋
避開裡袋，
縫合表袋4片
正面相對
表袋（正面）
1車縫
從邊角縫合至邊角
1預留
預留1
表袋（背面）
Ⓜ Ⓛ ※（　）內是Ⓛ尺寸
完成圖
Ⓢ
壓克力織帶
2.5
17
摺疊後
縫合
壓克力織帶（長度50）
塑膠釦帶
17
26
〈拉鍊裝飾・Ⓛ〉
0.7
裁剪邊緣
皮革帶（長度12）對摺
縫合
拉鍊頭
23
23
36（44）

9. Boston Bag

波士頓包

[Photo] —— p.20

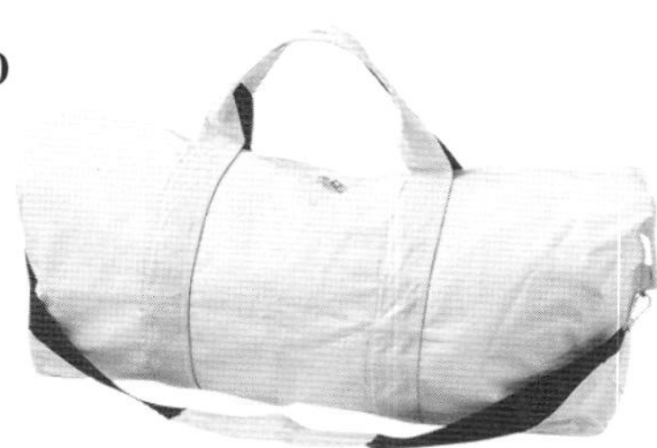

材料

軟斜紋棉布…110×135cm
白色棉布（薄）…110×110cm
長度80cm雙向拉鍊…1條
寬2cm的壓克力織帶…48cm
寬5cm的黑色棉質織帶…350cm
內徑2.5cm的D形環…2個
內徑5cm的鋅鉤…2個
直徑1cm的壓釦…3組

完成尺寸

寬60×高34×側身20cm
（不含提把）

原寸紙型

A面…表袋、裡袋、貼邊

裁布圖

※單位為cm，已含縫份
※表袋、裡袋以外，在布料上直接畫線裁剪

軟斜紋棉布

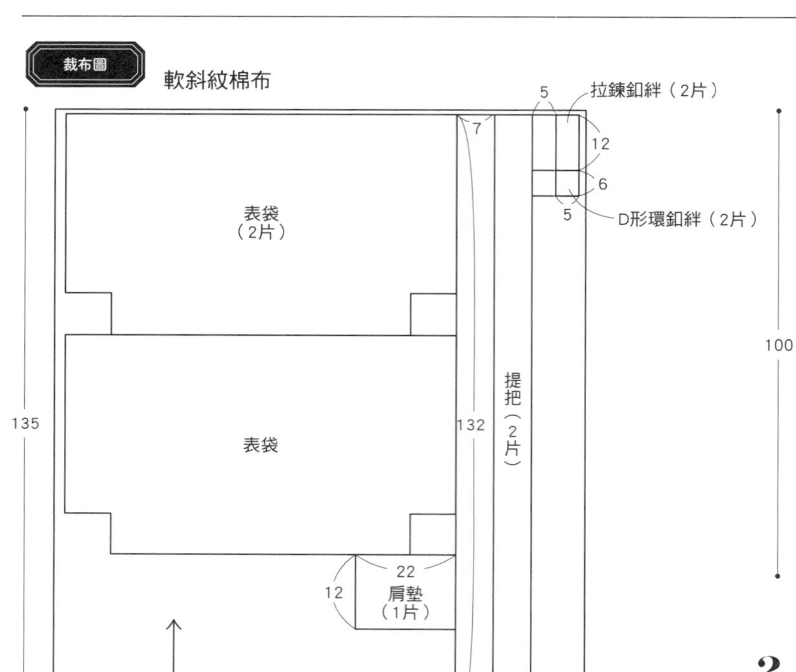

拉鍊釦絆（2片）
5
7
12
6
5
D形環釦絆（2片）
表袋
（2片）
表袋
132
提把（2片）
135
22
12
肩墊
（1片）
110

白色棉布

11
貼邊（2片）
26
貼邊
82
42
裡袋
（2片）
內口袋
（1片）
100
裡袋
110

作法

1. 製作提把、D字環釦絆、拉鍊釦絆

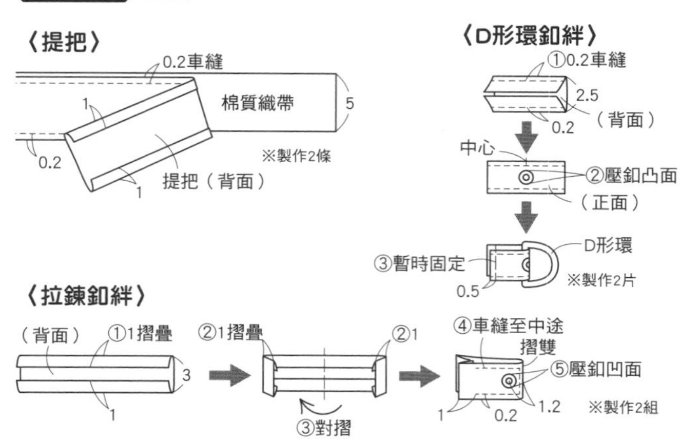

〈提把〉
0.2車縫
1
棉質織帶
5
0.2
1
提把（背面）
※製作2條
〈D形環釦絆〉
①0.2車縫
2.5
0.2
（背面）
中心
②壓釦凸面
（正面）
D形環
③暫時固定
0.5
※製作2片
〈拉鍊釦絆〉
（背面）
①1摺疊
②1摺疊
②1
3
1
③對摺
④車縫至中途
摺雙
⑤壓釦凹面
1
0.2
1.2
※製作2組

2. 製作內口袋

②對摺，兩脇邊以壓克力織帶包覆縫合
③裝上壓釦
④夾入裡袋與貼邊，縫合
內口袋（背面）
1
①0.2車縫
0.5
1
18
內口袋（正面）
1
摺雙
1
貼邊（背面）
內口袋（正面）
裡袋（正面）
貼邊（正面）
對齊中心
0.2車縫
4
凸面
凹面
內口袋（正面）
裡袋（正面）

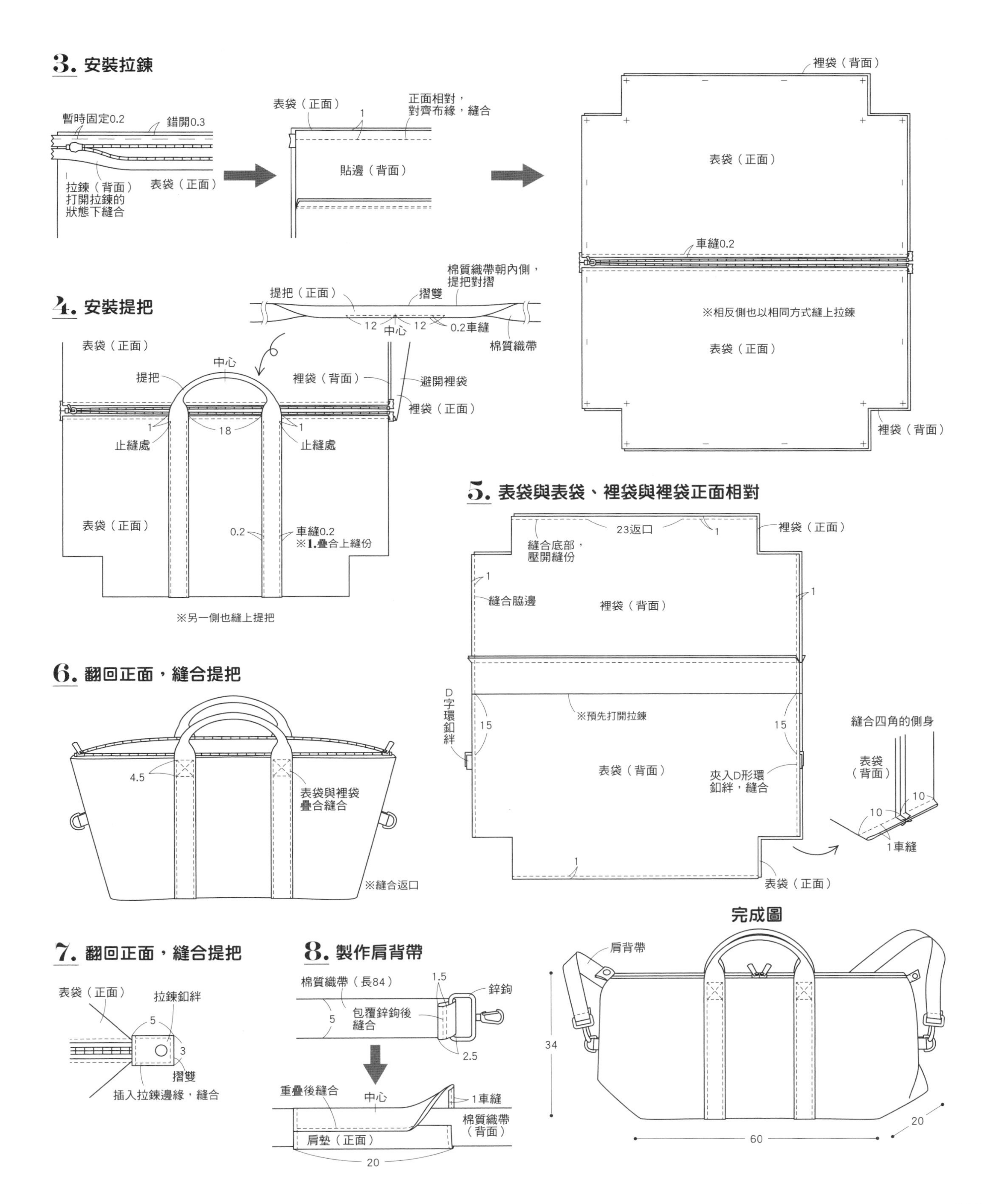
3. 安裝拉鍊
暫時固定0.2
錯開0.3
拉鍊（背面）
打開拉鍊的
狀態下縫合
表袋（正面）
表袋（正面）
1
正面相對，
對齊布緣，縫合
貼邊（背面）
裡袋（背面）
表袋（正面）
車縫0.2
※相反側也以相同方式縫上拉鍊
表袋（正面）
裡袋（背面）
4. 安裝提把
提把（正面）
摺雙
棉質織帶朝內側，
提把對摺
12
中心
12
0.2車縫
棉質織帶
表袋（正面）
中心
提把
裡袋（背面）
避開裡袋
裡袋（正面）
1
18
1
止縫處
止縫處
表袋（正面）
0.2
車縫0.2
※1.疊合上縫份
※另一側也縫上提把
5. 表袋與表袋、裡袋與裡袋正面相對
23返口
1
裡袋（正面）
縫合底部，
壓開縫份
1
縫合脇邊
裡袋（背面）
1
D字環釦絆
15
※預先打開拉鍊
15
表袋（背面）
夾入D形環
釦絆，縫合
1
表袋（正面）
縫合四角的側身
表袋
（背面）
10
10
1車縫
6. 翻回正面，縫合提把
4.5
表袋與裡袋
疊合縫合
※縫合返口
7. 翻回正面，縫合提把
表袋（正面）
拉鍊釦絆
5
3
摺雙
插入拉鍊邊緣，縫合
8. 製作肩背帶
棉質織帶（長84）
1.5
鋅鉤
5
包覆鋅鉤後
縫合
2.5
重疊後縫合
中心
1車縫
棉質織帶
（背面）
肩墊（正面）
20
完成圖
肩背帶
34
20
60

12. Drawstring Shoulder Bag

束口肩背包

[Photo] —— p.24

材料

緹花布…110×120cm
棉布…110×25cm
布襯…20×20cm
流蘇用嫘縈線…適量

完成尺寸

高 21.5×底部直徑…14.5cm

原寸紙型

B面…底部

裁布圖

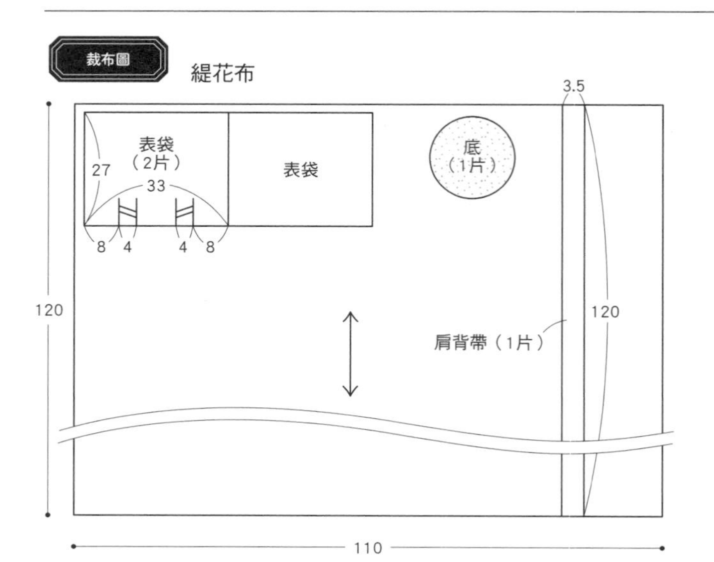
緹花布
表袋（2片）
表袋
底（1片）
27
33
8 4 4 8
3.5
120
120
肩背帶（1片）
110

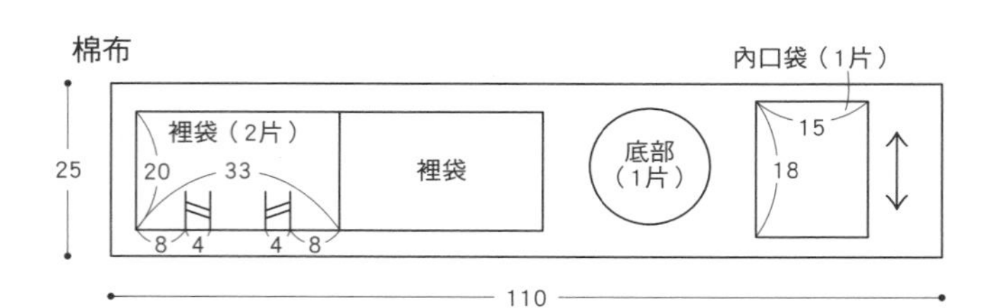
棉布
內口袋（1片）
裡袋（2片）
裡袋
底部（1片）
25
20
33
15
18
8 4 4 8
110

※單位為cm，已含縫份
※表袋、肩背帶、裡袋、內口袋在布料上直接畫線裁剪
※ 部位在背面貼上布襯

作法

1. 製作肩背帶

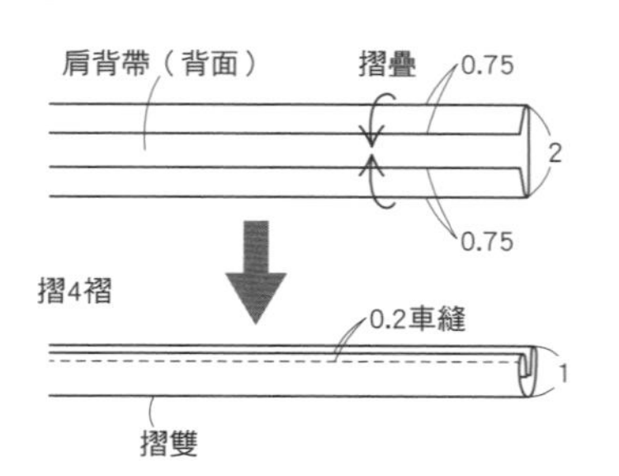
肩背帶（背面）
摺疊
0.75
2
0.75
摺4褶
0.2車縫
1
摺雙

2. 製作內口袋，縫合

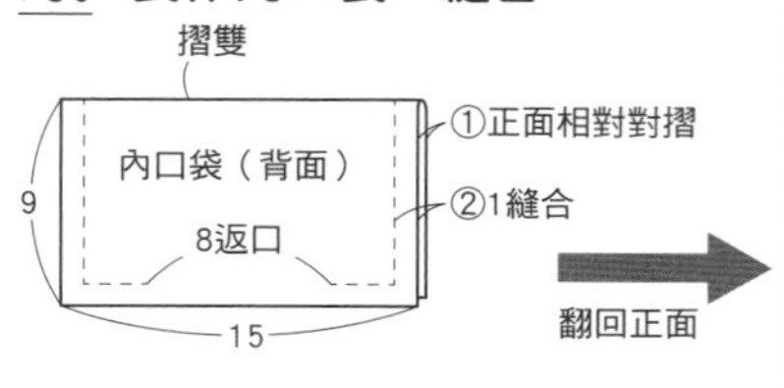
摺雙
①正面相對對摺
內口袋（背面）
②1縫合
9
8返口
15
翻回正面

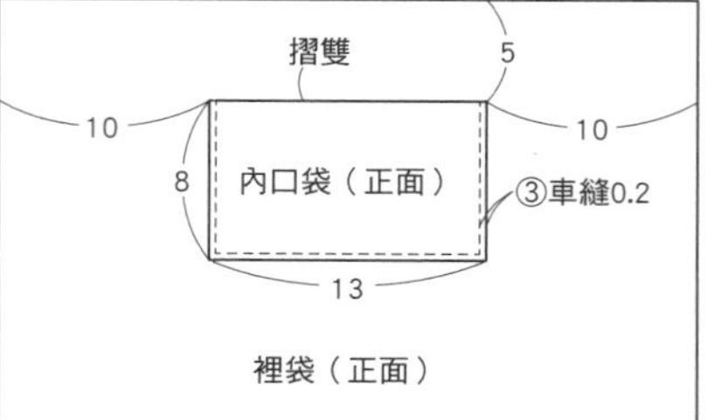
摺雙
5
10
10
8
內口袋（正面）
③車縫0.2
13
裡袋（正面）

3. 縫合表袋脇邊，抓出皺褶

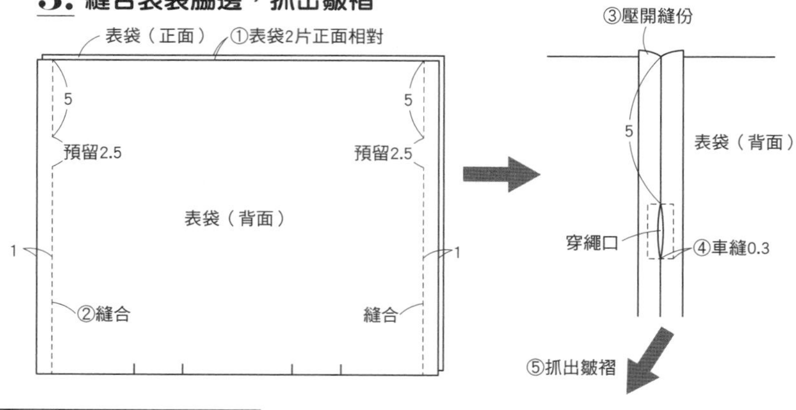
表袋（正面）
①表袋2片正面相對
5
5
預留2.5
預留2.5
表袋（背面）
1
1
②縫合
縫合
③壓開縫份
5
表袋（背面）
穿繩口
④車縫0.3
⑤抓出皺褶

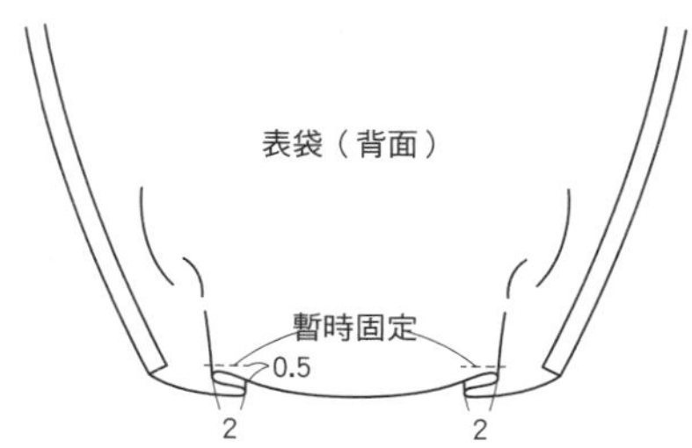
表袋（背面）
暫時固定
0.5
2
2

4. 加上底部

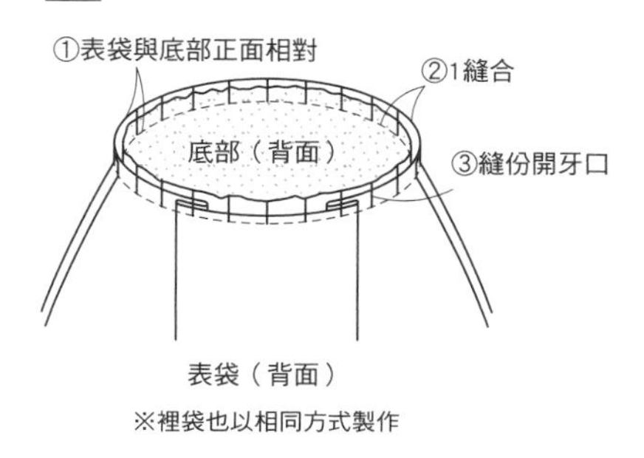

①表袋與底部正面相對
②1縫合
底部（背面）
③縫份開牙口
表袋（背面）
※裡袋也以相同方式製作

5. 表袋與裡袋正面相對縫合

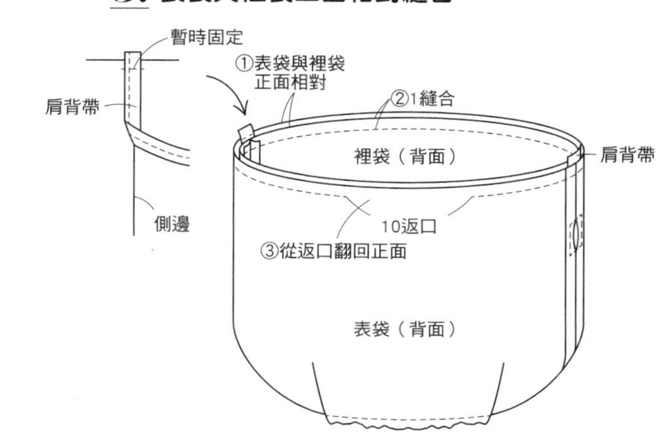

暫時固定
①表袋與裡袋
正面相對
肩背帶
②1縫合
裡袋（背面）
肩背帶
側邊
10返口
③從返口翻回正面
表袋（背面）

6. 製作穿繩空間

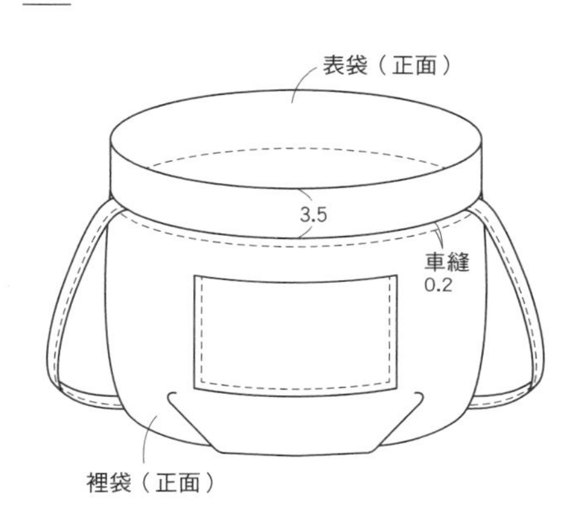

表袋（正面）
3.5
車縫
0.2
裡袋（正面）

7. 製作背繩，穿繩

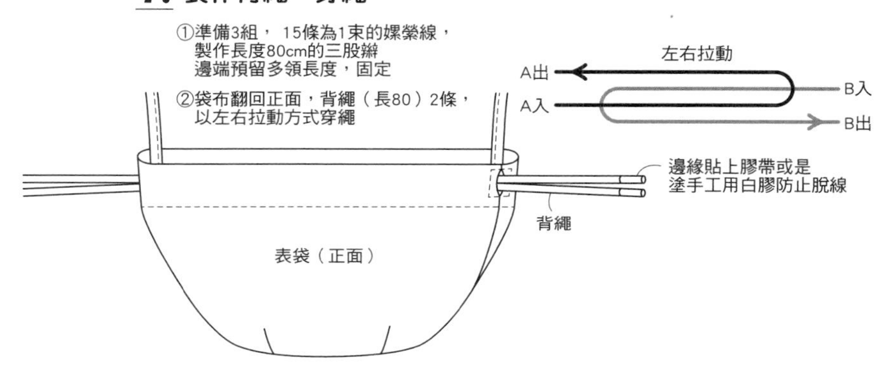

①準備3組， 15條為1束的嫘縈線，
製作長度80cm的三股辮
邊端預留多領長度，固定
②袋布翻回正面，背繩（長80）2條，
以左右拉動方式穿繩
左右拉動
A出
A入
B入
B出
邊緣貼上膠帶或是
塗手工用白膠防止脫線
背繩
表袋（正面）

8. 製作流蘇

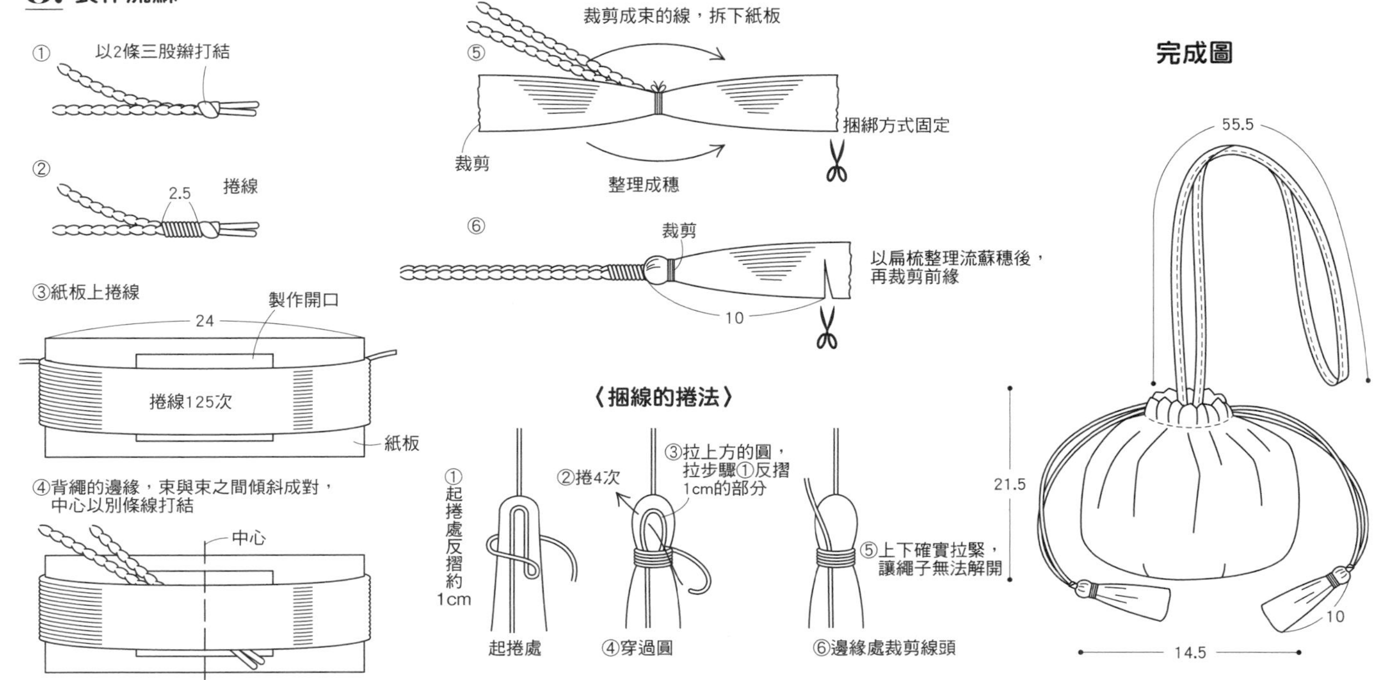

①
以2條三股辮打結
②
2.5
捲線
③紙板上捲線
製作開口
24
捲線125次
紙板
④背繩的邊緣，束與束之間傾斜成對，
中心以別條線打結
中心
⑤
裁剪成束的線，拆下紙板
捆綁方式固定
裁剪
整理成穗
⑥
裁剪
以扁梳整理流蘇穗後，
再裁剪前緣
10
〈捆線的捲法〉
①起捲處反摺約1cm
②捲4次
③拉上方的圓，
拉步驟①反摺
1cm的部分
⑤上下確實拉緊，
讓繩子無法解開
起捲處
④穿過圓
⑥邊緣處裁剪線頭
完成圖
55.5
21.5
10
14.5

10. Organizer Pouch

分類收納袋

S／M

[Photo] —— p.22

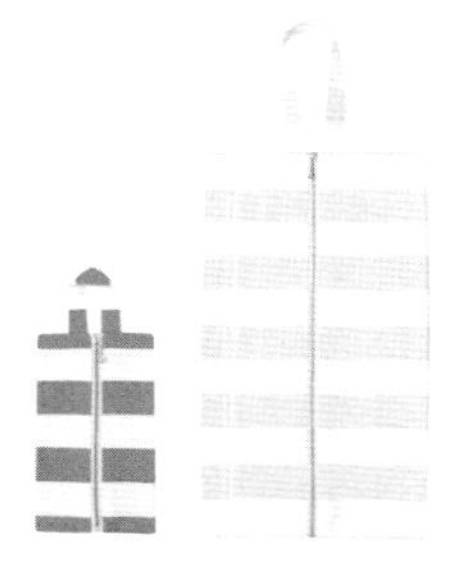

材料

〈S〉 調色盤帆布
條紋款…60×30cm
長度19cm的拉鍊…1條

〈M〉 調色盤帆布
條紋款…108×50cm
長度39cm的拉鍊…1條

完成尺寸

〈S〉 寬12×高20×側身…12cm
〈M〉 寬23×高40×側身…22cm

原寸紙型

無。在布料上直接畫線裁剪

裁布圖

作法

1. 製作提把

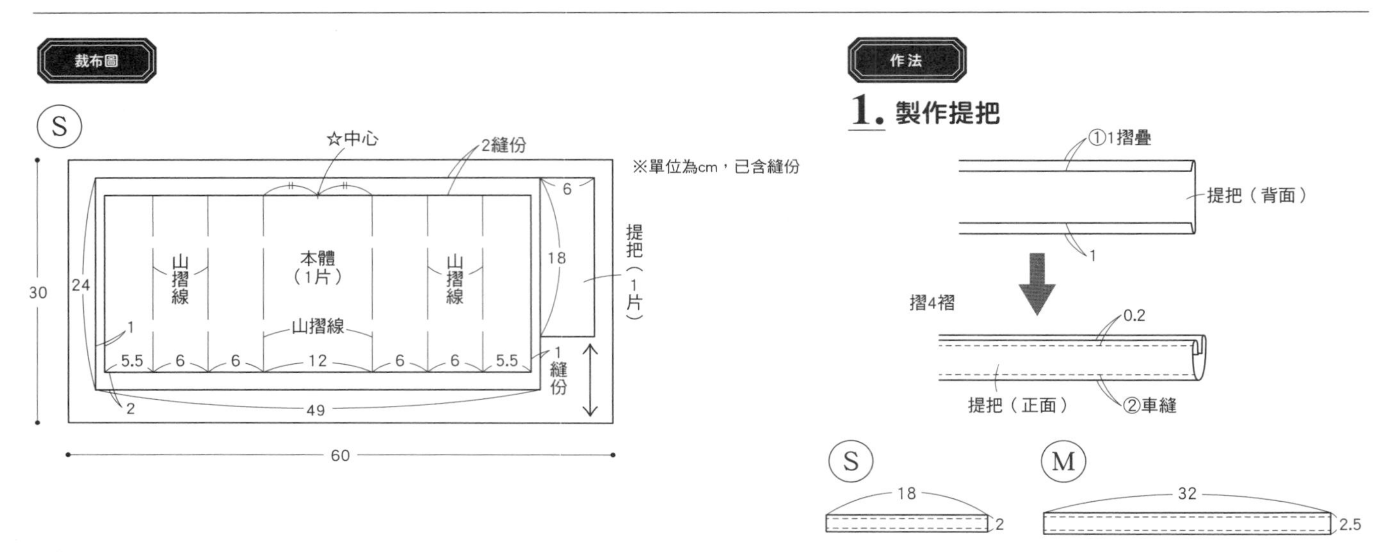
S
☆中心
2縫份
※單位為cm，已含縫份
6
山摺線
本體
（1片）
山摺線
18
提把（1片）
30
24
1
山摺線
5.5
6
6
12
6
6
5.5
1
縫份
2
49
60
①1摺疊
提把（背面）
1
摺4褶
0.2
提把（正面）
②車縫
S
18
2
M
32
2.5

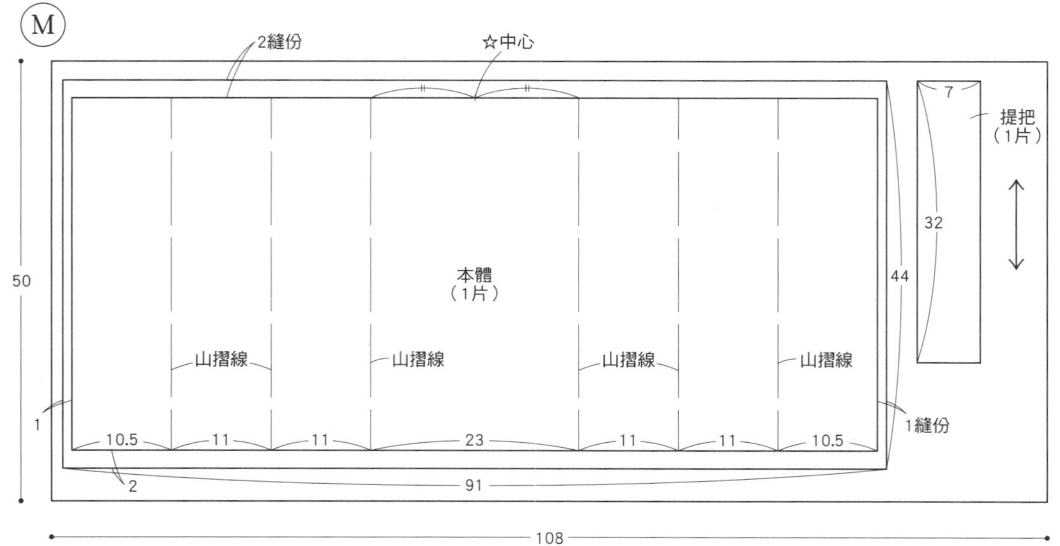
M
2縫份
☆中心
7
提把
（1片）
32
本體
（1片）
50
44
山摺線
山摺線
山摺線
山摺線
1
10.5
11
11
23
11
11
10.5
1縫份
2
91
108

2. 安裝拉鍊

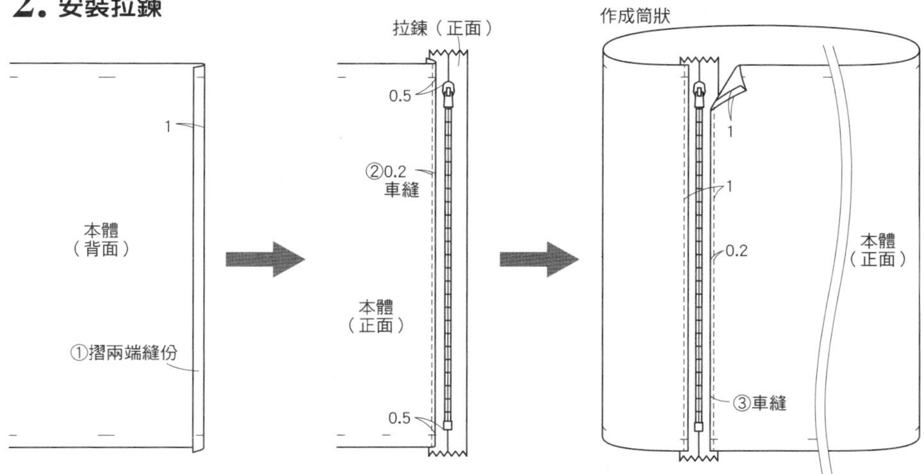
拉鍊（正面）
作成筒狀
1
0.5
②0.2
車縫
1
1
本體
（背面）
0.2
本體
（正面）
本體
（正面）
①摺兩端縫份
0.5
③車縫

3. 摺兩端後縫合上下側

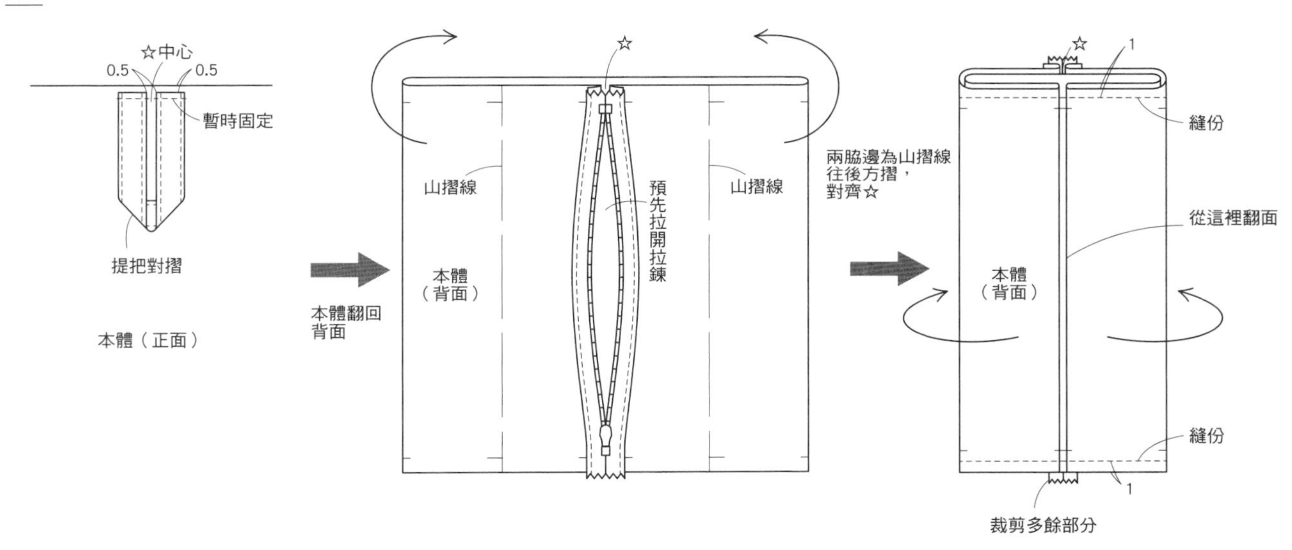
☆中心
0.5
0.5
暫時固定
提把對摺
本體（正面）
本體翻回
背面
山摺線
預先拉開拉鍊
山摺線
本體
（背面）
兩脇邊為山摺線
往後方摺，
對齊☆
1
縫份
從這裡翻面
本體
（背面）
縫份
1
裁剪多餘部分

4. 翻面後，縫合上下側

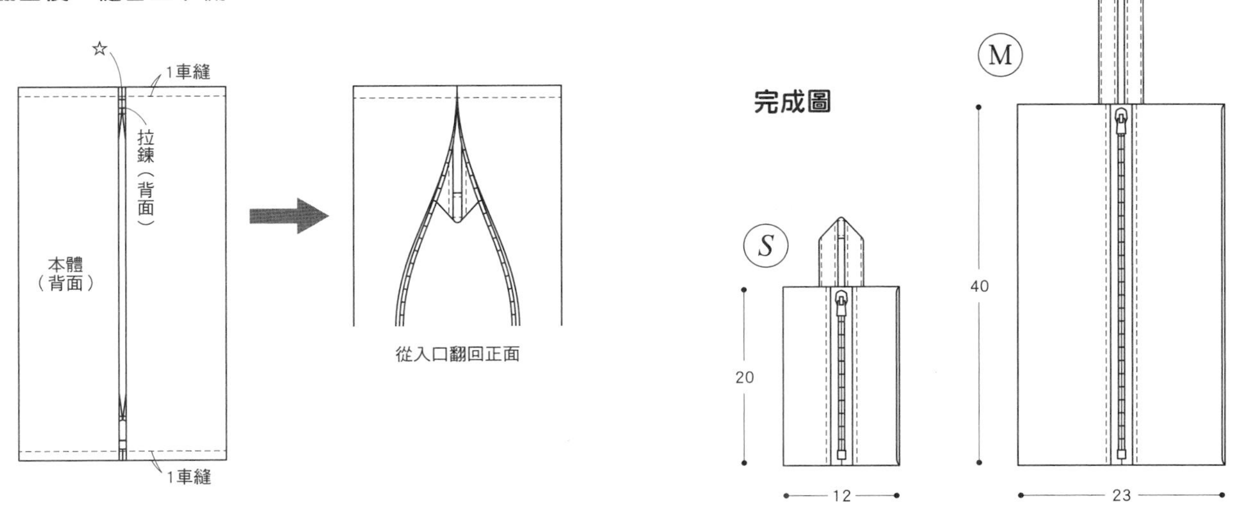
1車縫
拉鍊（背面）
本體
（背面）
1車縫
從入口翻回正面
完成圖
M
S
40
20
12
23

15. Round Toto Bag

圓形托特包 S／M

[Photo] —— p.30

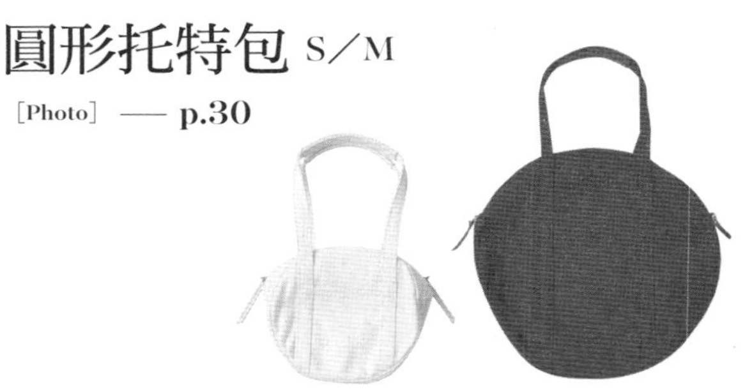

材料

〈S〉 白色11號帆布…110×40cm
白色棉布…110×25cm
白色皮革…8×28cm
長度23cm的雙向拉鍊…1條
寬0.7cm的白色皮革帶…16cm
寬2cm的織帶（縫份處理用）…140cm

〈M〉 黑色11號帆布…110×120cm
黑色棉布…110×80cm
黑色皮革…8×28cm
長度45 cm的雙向拉鍊…1條
寬0.7cm的黑色皮革帶…16cm
寬2cm的織帶（縫份處理用）…240cm

完成尺寸

〈S〉 寬19.5×高19.5×側身8cm
〈M〉 寬36.5×高36.5×側身10cm

原寸紙型

B面…表袋、外口袋、裡袋

※皮革提把套因為有厚度，以家庭用縫紉機縫製時，請省略此步驟的材料及流程

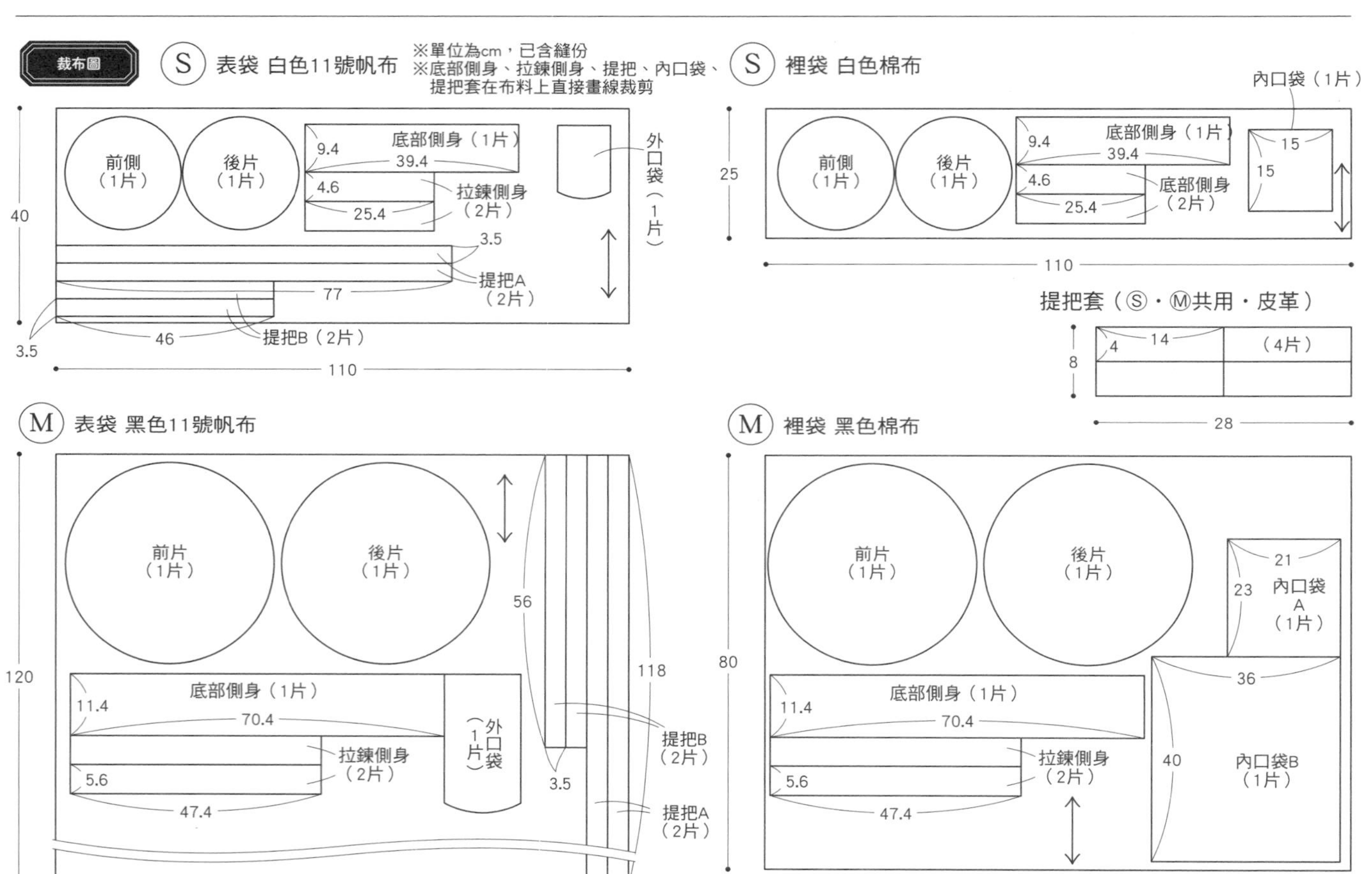

裁布圖
Ⓢ 表袋 白色11號帆布
※單位為cm，已含縫份
※底部側身、拉鍊側身、提把、內口袋、提把套在布料上直接畫線裁剪
前側（1片）
後片（1片）
底部側身（1片）
9.4
39.4
4.6
25.4
拉鍊側身（2片）
外口袋（1片）
3.5
77
提把A（2片）
46
提把B（2片）
40
110
Ⓢ 裡袋 白色棉布
內口袋（1片）
前側（1片）
後片（1片）
底部側身（1片）
9.4
39.4
4.6
25.4
底部側身（2片）
15
25
110
提把套（Ⓢ・Ⓜ共用・皮革）
4
14
（4片）
8
28
Ⓜ 表袋 黑色11號帆布
前片（1片）
後片（1片）
56
118
120
底部側身（1片）
11.4
70.4
5.6
47.4
拉鍊側身（2片）
外口袋（1片）
提把B（2片）
提把A（2片）
3.5
110
Ⓜ 裡袋 黑色棉布
前片（1片）
後片（1片）
21
23
內口袋A（1片）
36
80
底部側身（1片）
11.4
70.4
5.6
47.4
拉鍊側身（2片）
40
內口袋B（1片）
110

作法

1. 製作提把

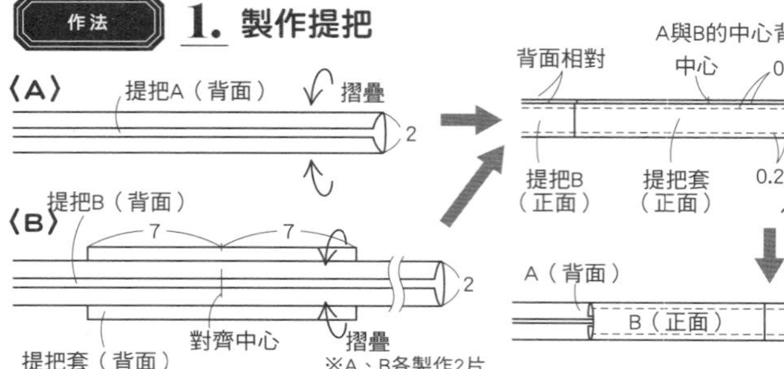

〈A〉
提把A（背面）
摺疊
2
〈B〉
提把B（背面）
7
7
2
提把套（背面）
對齊中心
摺疊
※A、B各製作2片
A與B的中心背面相對
背面相對
中心
0.2車縫
提把A（背面）
提把B（正面）
提把套（正面）
0.2
A（背面）
中心
B（正面）
B
提把套

2. 製作外口袋

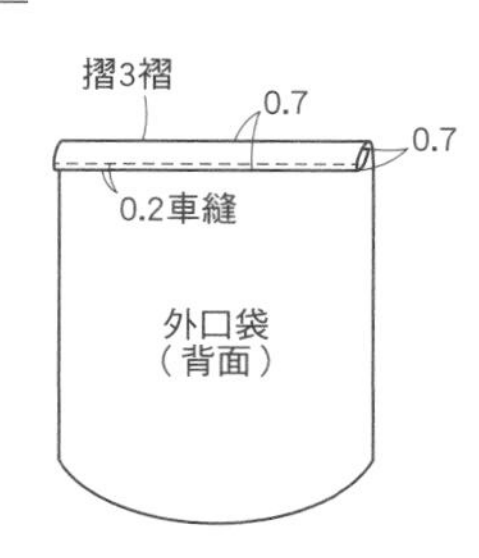

摺3褶
0.7
0.7
0.2車縫
外口袋（背面）

3. 在表袋前・後片縫上提把及外口袋

※（　）內為Ⓜ尺寸

②重疊車縫線縫合
表袋 前片（正面）
9（12.5）
0.2
車縫
13.5
15（32）
①只有Ⓜ車縫
提把A
③裁剪多餘的邊角
外口袋（正面）

9（12.5）
表袋後片（正面）
15（32）
①車縫
②裁剪

4. 製作內口袋，縫合裡袋

※Ⓢ・Ⓜ共用

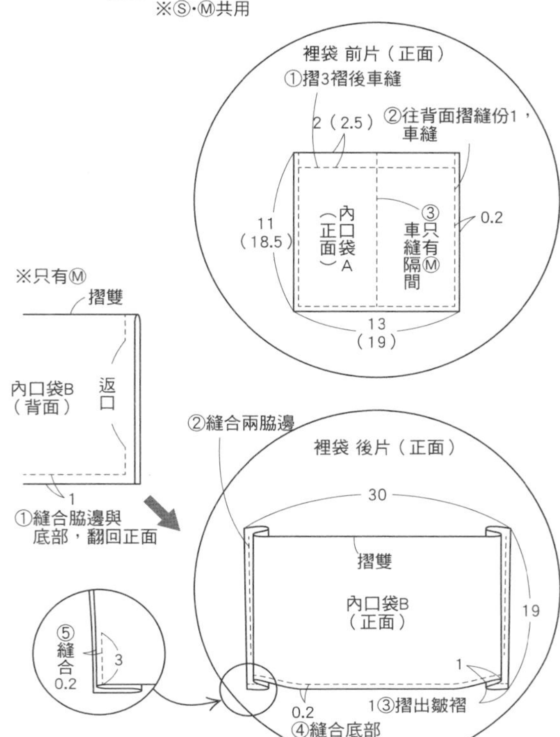

裡袋 前片（正面）
①摺3褶後車縫
2（2.5）
②往背面摺縫份1，車縫
11（18.5）
內口袋A（正面）
③只有Ⓜ車縫隔間
0.2
13（19）
※只有Ⓜ
摺雙
內口袋B（背面）
返口
1
①縫合脇邊與底部，翻回正面
②縫合兩脇邊
裡袋 後片（正面）
30
摺雙
內口袋B（正面）
19
1
⑤縫合
3
0.2
0.2
1③摺出皺褶
④縫合底部

5. 製作側身

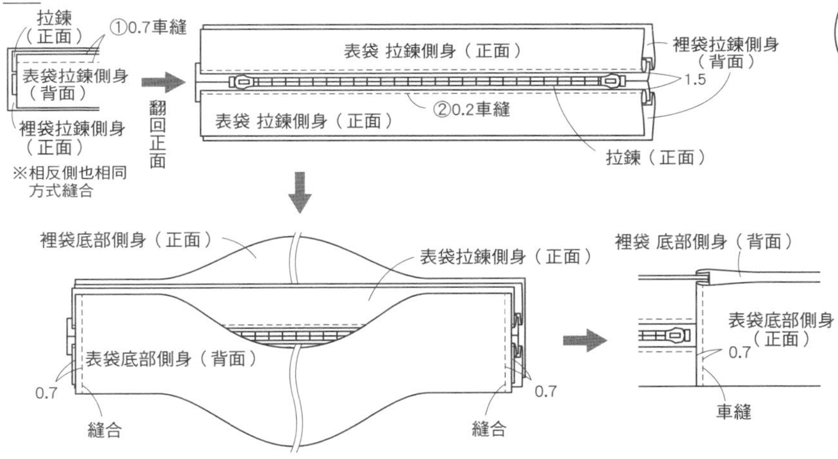

拉鍊（正面）
①0.7車縫
表袋拉鍊側身（背面）
裡袋拉鍊側身（正面）
※相反側也相同方式縫合
翻回正面
表袋 拉鍊側身（正面）
裡袋拉鍊側身（背面）
1.5
②0.2車縫
表袋 拉鍊側身（正面）
拉鍊（正面）
裡袋底部側身（正面）
表袋拉鍊側身（正面）
表袋底部側身（背面）
0.7
縫合
0.7
縫合
裡袋 底部側身（背面）
表袋底部側身（正面）
0.7
車縫

6. 表袋與裡袋暫時固定

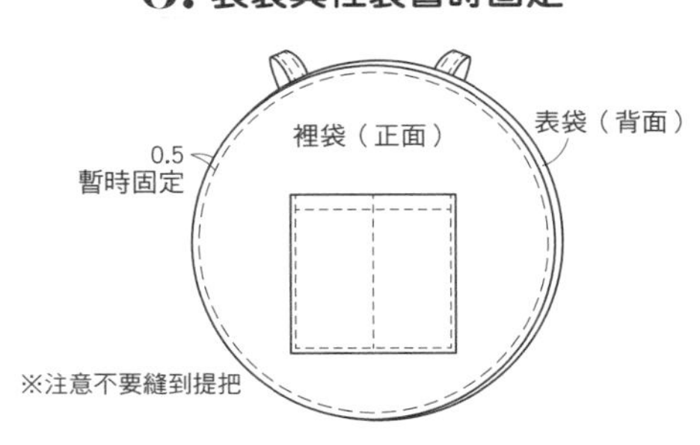

裡袋（正面）
表袋（背面）
0.5
暫時固定
※注意不要縫到提把

7. 前・後片與側身正面相對縫合

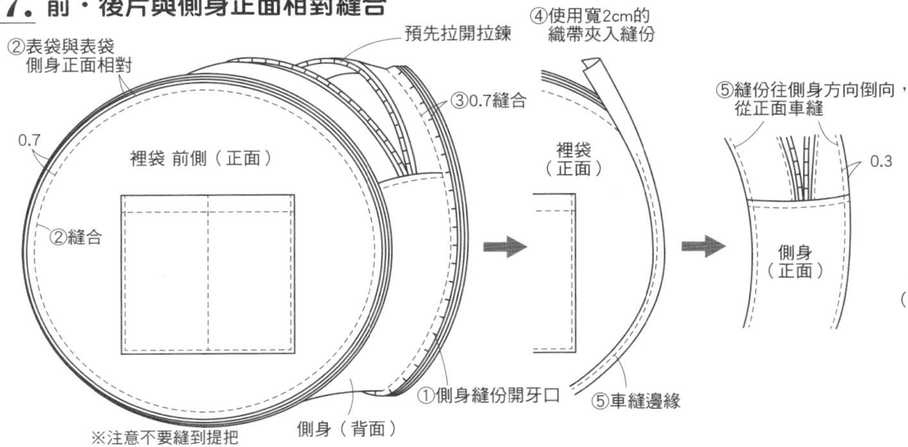

②表袋與表袋側身正面相對
預先拉開拉鍊
④使用寬2cm的織帶夾入縫份
③0.7縫合
0.7
裡袋 前側（正面）
②縫合
①側身縫份開牙口
側身（背面）
※注意不要縫到提把
裡袋（正面）
⑤車縫邊緣
⑤縫份往側身方向倒向，從正面車縫
0.3
側身（正面）

完成圖

※（　）為Ⓜ尺寸

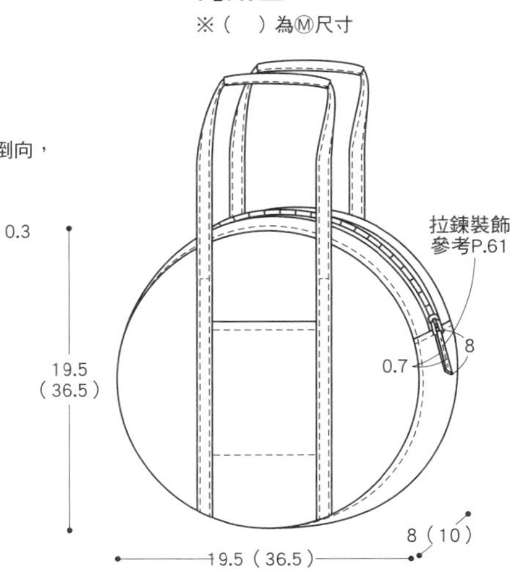

拉鍊裝飾參考P.61
19.5（36.5）
0.7
8
8（10）
19.5（36.5）

16. Reversible Shoulder Bag

材料

8號帆布仿舊加工…110×70cm
卡其棉布…110×70cm

完成尺寸

寬39×高41×側身8cm
（不含提把）

雙面兩用側背包

[Photo] —— p.32

原寸紙型

B面…表袋、裡袋

裁布圖

8號帆布仿舊加工

※單位為cm，已含縫份
※側身、提把在布料上直接畫線裁剪

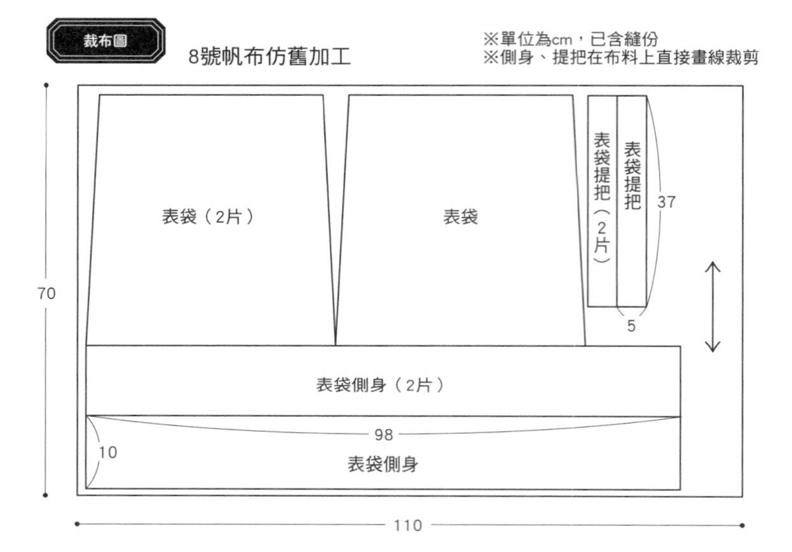

表袋（2片）
表袋
表袋提把（2片）
表袋提把
37
5
70
表袋側身（2片）
98
10
表袋側身
110

卡其棉布

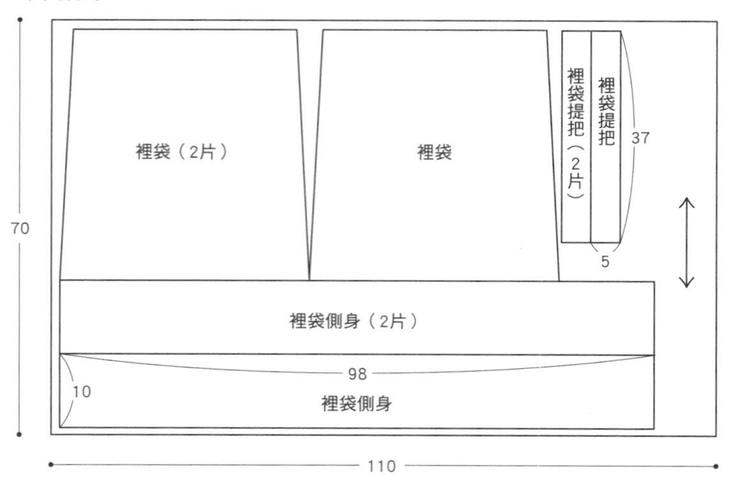

裡袋（2片）
裡袋
裡袋提把（2片）
裡袋提把
37
5
70
裡袋側身（2片）
98
10
裡袋側身
110

作法

1. 製作提把

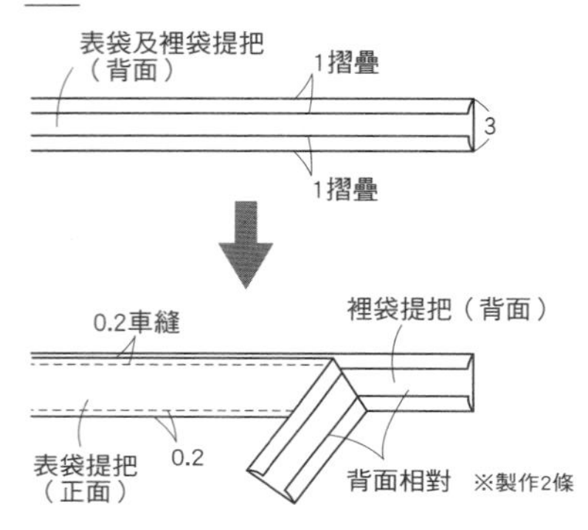

表袋及裡袋提把
（背面）
1摺疊
3
1摺疊
0.2車縫
裡袋提把（背面）
表袋提把
（正面）
0.2
背面相對
※製作2條

2. 縫合側身的底部中心

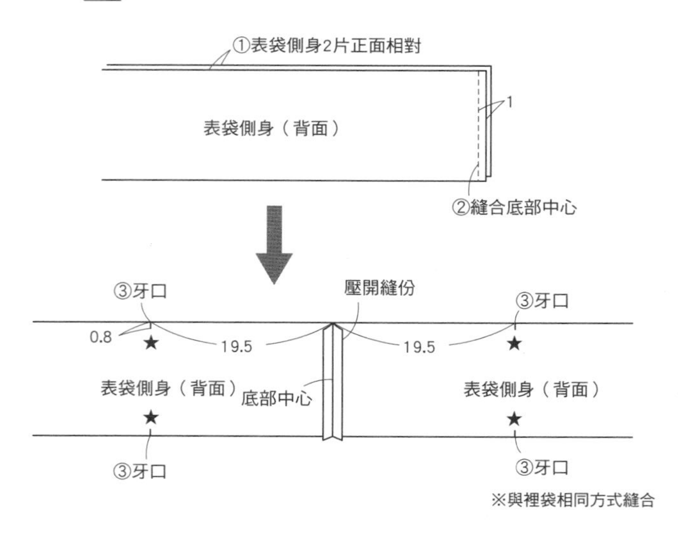

①表袋側身2片正面相對
1
表袋側身（背面）
②縫合底部中心
③牙口
壓開縫份
③牙口
0.8
19.5
19.5
表袋側身（背面）
底部中心
表袋側身（背面）
③牙口
③牙口
※與裡袋相同方式縫合

3. 縫合表袋與側身

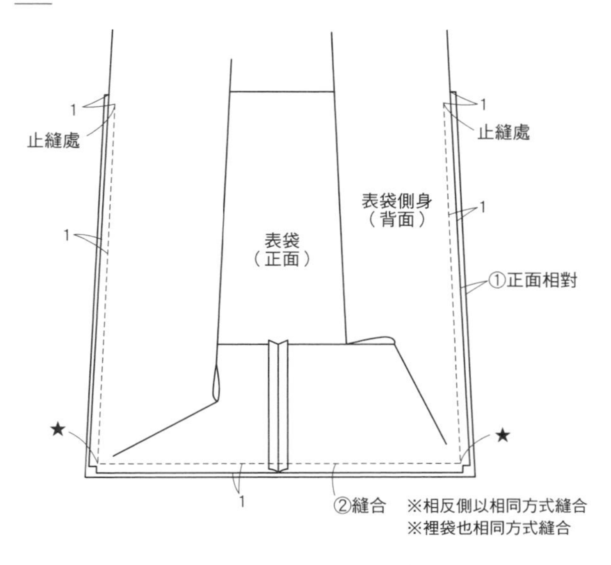
1
止縫處
1
止縫處
1
表袋側身
（背面）
1
表袋
（正面）
1
①正面相對
★
★
1
②縫合
※相反側以相同方式縫合
※裡袋也相同方式縫合

4. 縫合側身的肩背帶部分

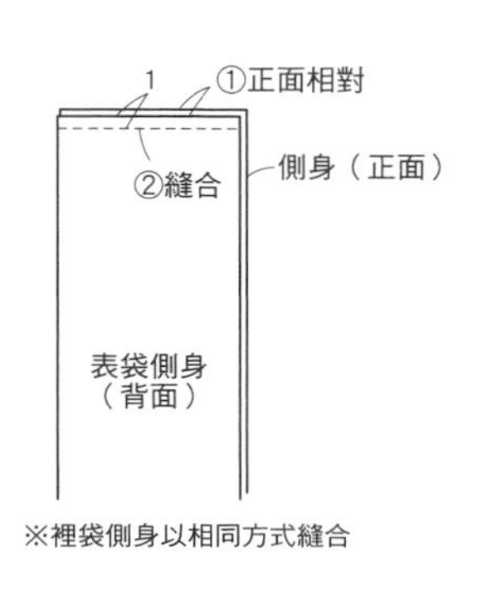
1
①正面相對
側身（正面）
②縫合
表袋側身
（背面）
※裡袋側身以相同方式縫合

5. 摺入所有縫份

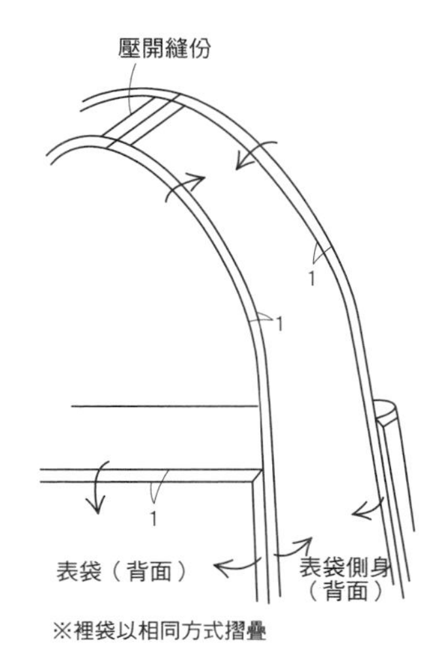
壓開縫份
1
1
1
表袋（背面）
表袋側身
（背面）
※裡袋以相同方式摺疊

6. 安裝提把

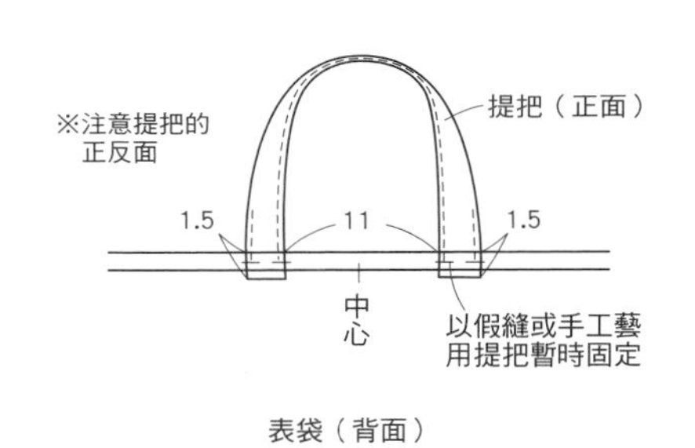
※注意提把的
正反面
提把（正面）
1.5
11
1.5
中
心
以假縫或手工藝
用提把暫時固定
表袋（背面）

7. 重疊表袋與裡袋

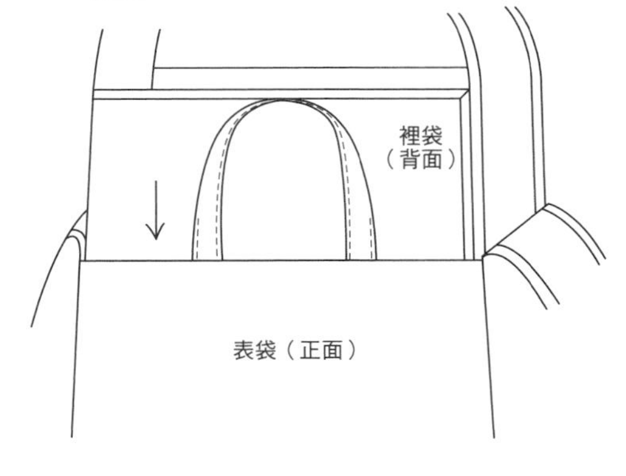
裡袋
（背面）
表袋（正面）

完成圖

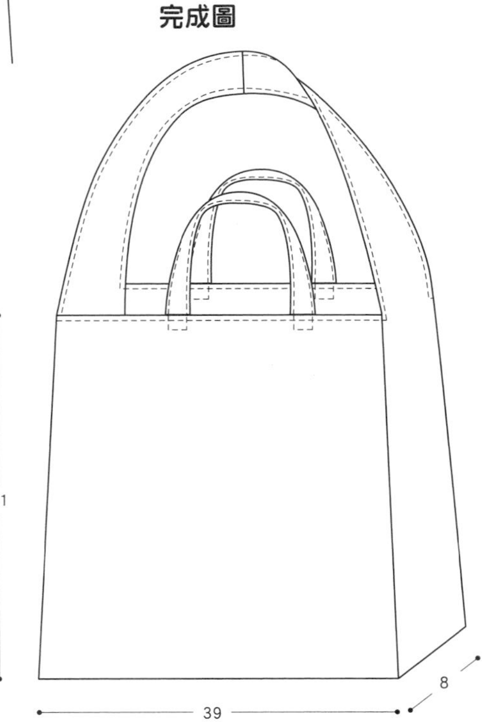
41
39
8

8. 縫合袋口、肩背帶

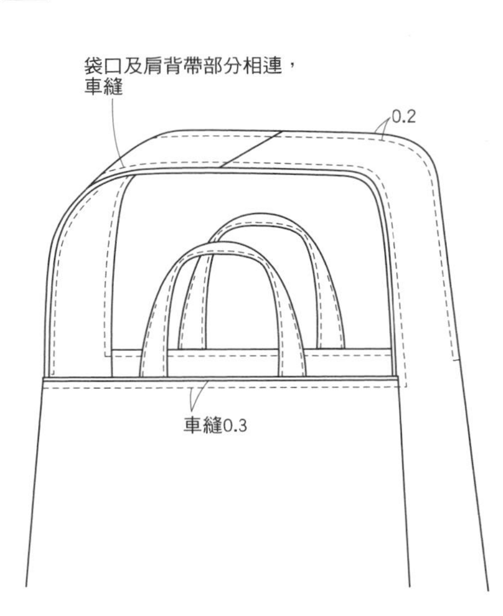
袋口及肩背帶部分相連，
車縫
0.2
車縫0.3

9. 提把加上補強車縫線

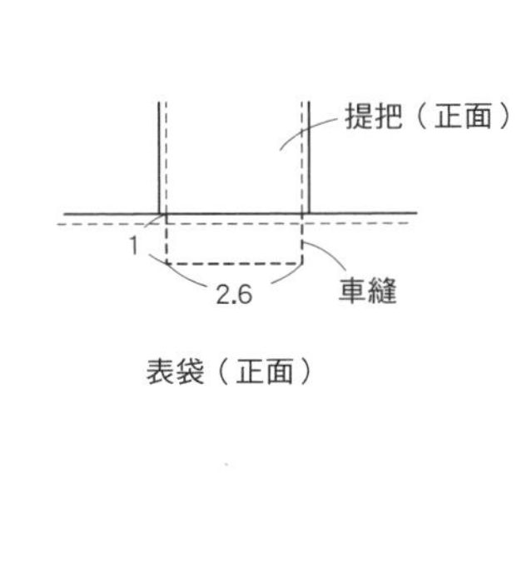
提把（正面）
1
2.6
車縫
表袋（正面）

17. Frilled Handle Tote Bag

皺褶提把托特包

[Photo] — p.33

材料

調色盤帆布（白色）…110×70cm
調色盤帆布（黑色）…30×125cm
直紋棉布…110×55cm
布襯…98×75 cm

完成尺寸

寬30×高30×側身20cm
（不含提把）

原寸紙型

無。在布料上直接直線裁剪

裁布圖

調色盤帆布（白色）

※單位為cm，已含縫份
※ ▒ 部分布襯貼於背面

32 表袋
表袋（2片）
32
70
22 表袋側身（1片）
96
7 貼邊（2片）
貼邊
52
110

直紋棉布

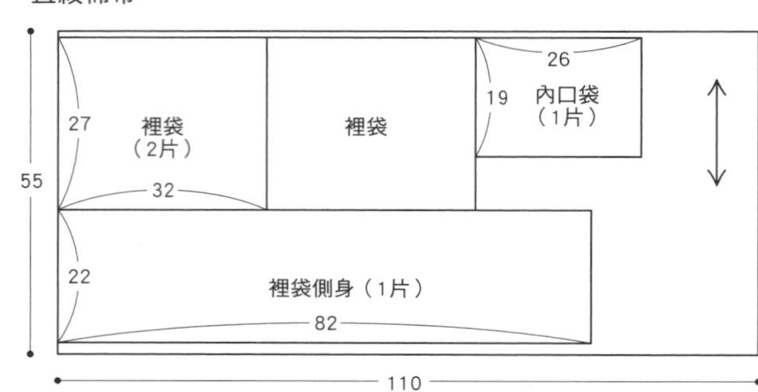

26
19 內口袋（1片）
27 裡袋（2片）
裡袋
55
32
22 裡袋側身（1片）
82
110

※單位為cm，已含縫份
※ ▒ 部分貼布襯貼於背面

調色盤帆布（黑色）

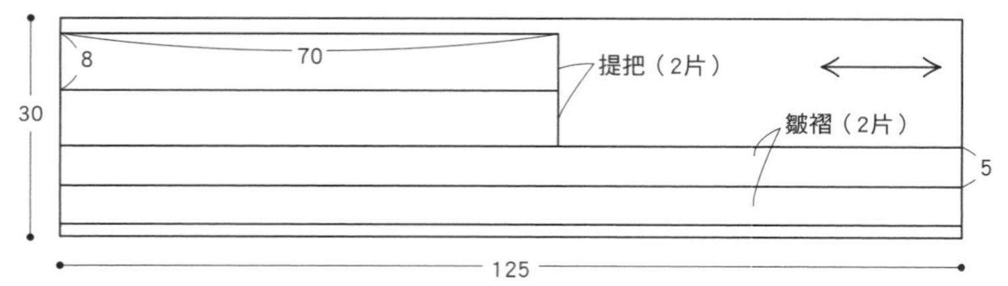

8
70
提把（2片）
30
皺褶（2片）
5
125

作法

1. 製作提把

②摺縫份1
（背面）
①摺縫份1
②
③對摺
3
（正面）
摺雙
④車縫0.2
68

皺褶（正面）
粗針趾車縫中心
2.5
※皺褶的摺法參考P.48
2.5
拉下線，
形成皺褶，
長度52cm

2 不縫合
重疊提把車縫
2 不縫合
提把
10
皺褶
10

2. 製作內口袋，縫合

3. 製作表袋

4. 製作裡袋

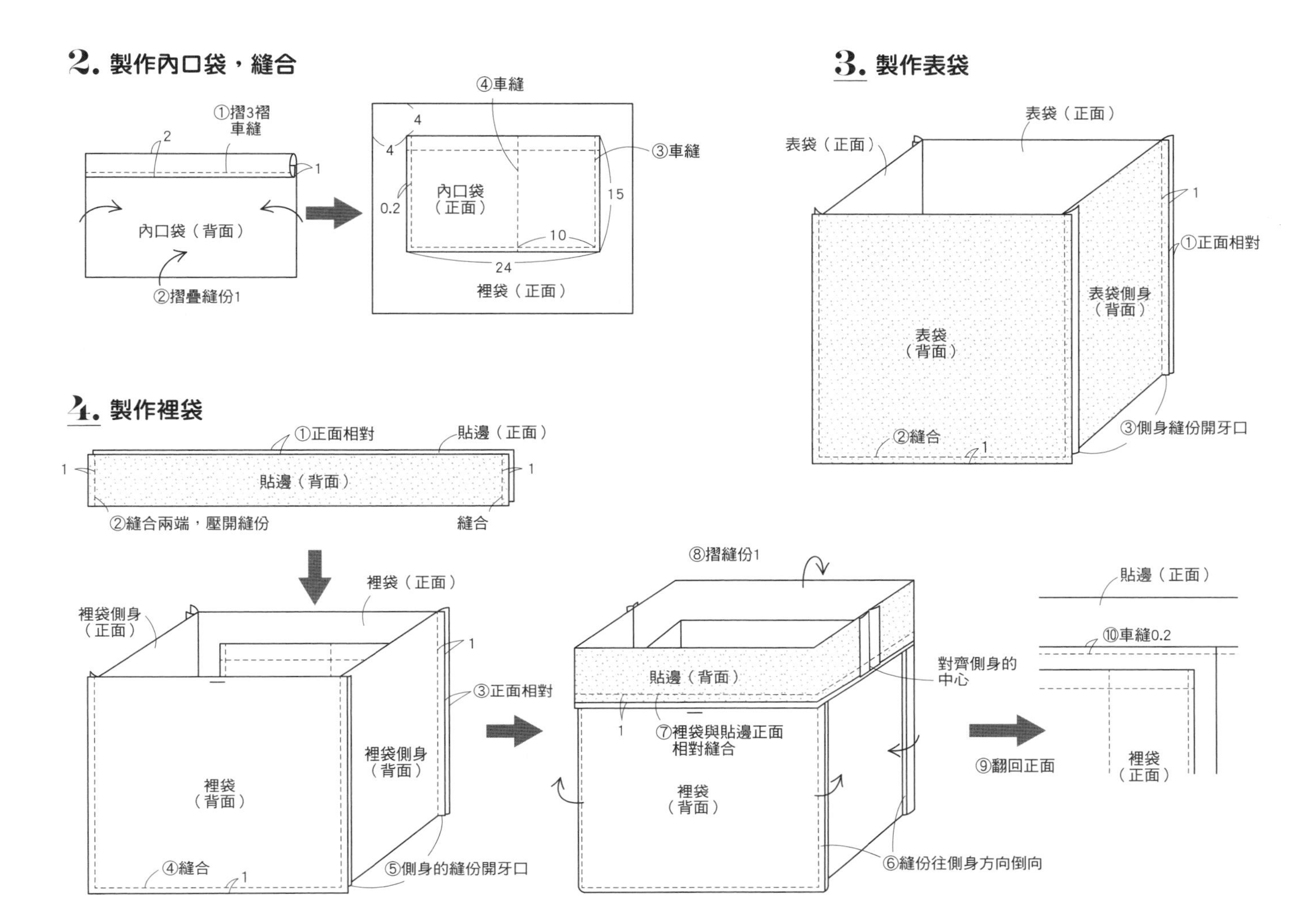
①摺3褶
車縫
2
1
內口袋（背面）
②摺疊縫份1
④車縫
4
4
③車縫
內口袋
（正面）
0.2
15
10
24
裡袋（正面）
表袋（正面）
表袋（正面）
1
①正面相對
表袋側身
（背面）
表袋
（背面）
②縫合
1
③側身縫份開牙口
①正面相對
貼邊（正面）
1
貼邊（背面）
1
②縫合兩端，壓開縫份
縫合
裡袋（正面）
裡袋側身
（正面）
1
③正面相對
裡袋側身
（背面）
裡袋
（背面）
④縫合
1
⑤側身的縫份開牙口
⑧摺縫份1
貼邊（背面）
對齊側身的
中心
1
⑦裡袋與貼邊正面
相對縫合
裡袋
（背面）
⑥縫份往側身方向倒向
⑨翻回正面
貼邊（正面）
⑩車縫0.2
裡袋
（正面）

5. 表袋與裡袋背面相對，縫合袋口

6. 裝上提把

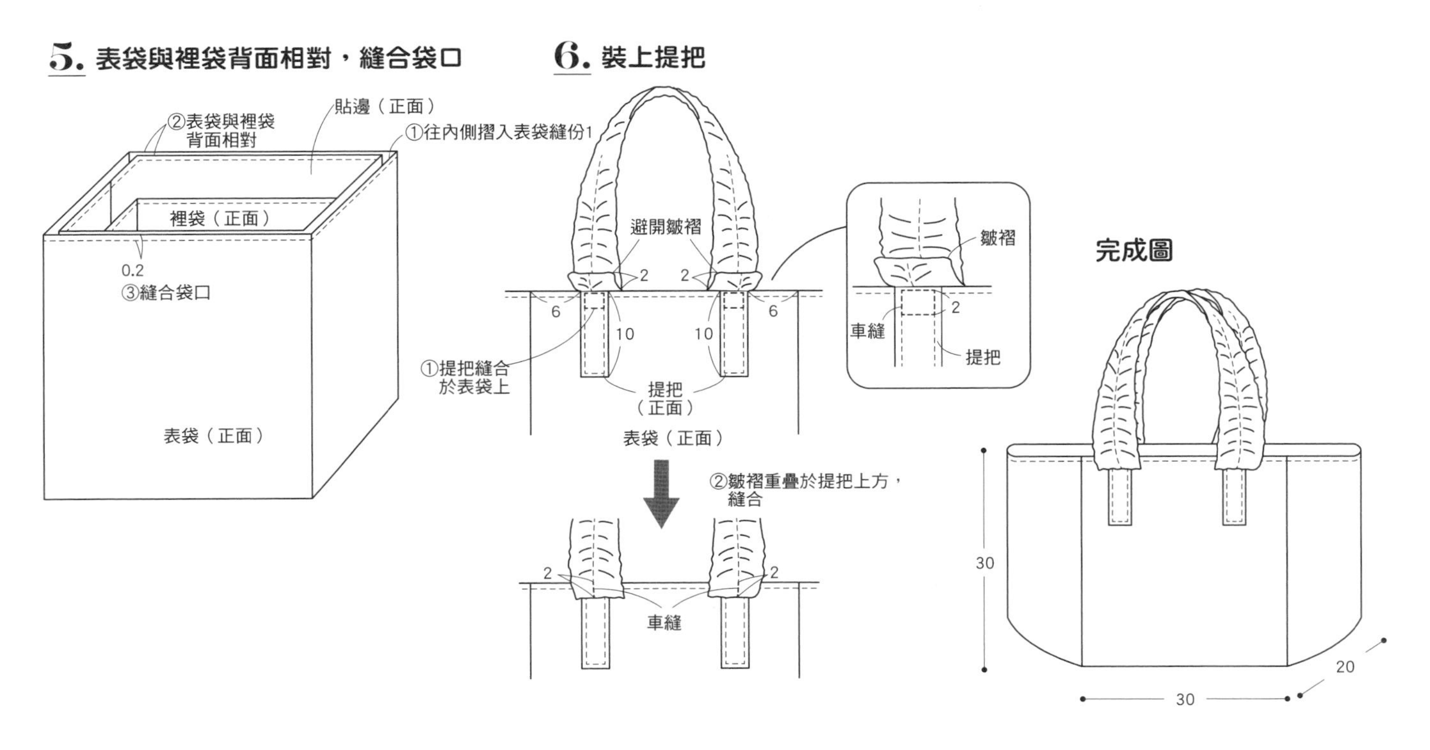
貼邊（正面）
②表袋與裡袋
背面相對
①往內側摺入表袋縫份1
裡袋（正面）
0.2
③縫合袋口
表袋（正面）
避開皺褶
2
2
6
6
10
10
①提把縫合
於表袋上
提把
（正面）
表袋（正面）
皺褶
2
車縫
提把
②皺褶重疊於提把上方，
縫合
2
2
車縫
完成圖
30
20
30

18. *Flap Backpack*

手提肩背兩用包

[Photo] — p.34

材料

壓線布料貓咪圖案…85×85cm
寬2.5cm的壓克力織帶…188cm
寬2cm的壓克力織帶…27cm
寬2cm的羅紋織帶
（縫份處理用）…200cm
內徑2.5cm的D形環…4個
直徑1cm的壓釦…1組

完成尺寸

寬25×高34×側身…15cm
（摺袋口時）

原寸紙型

B面…底部

裁布圖

※單位為cm，已含縫份
※本體、內口袋、後片補強布在
布料上直接畫線裁剪
※布邊進行拷克處理

85
57
本體
（2片）
本體
39
39
6
底部（1片）
後片
補強布
（1片）
15
18
內口袋
（1片）
85

作法

1. 製作內口袋，縫合

①摺縫份2
0.5
②縫合
內口袋
（背面）
③摺疊縫份1
中心
本體背面（背面）
28
13
④縫合固定
16
內口袋
0.2
13

2. 製作背面

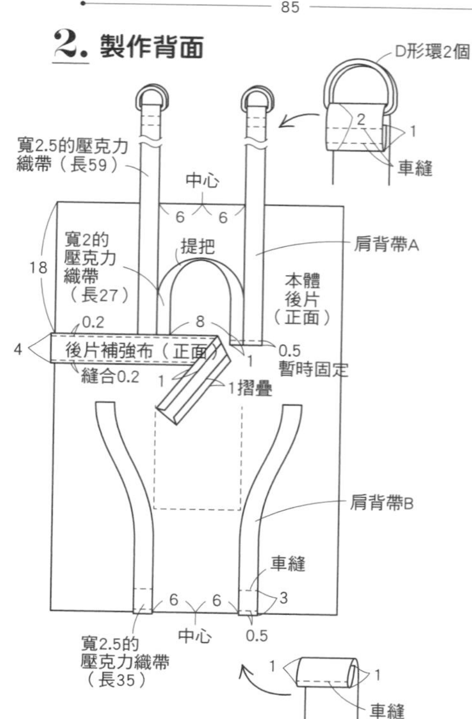

D形環2個
2
1
車縫
寬2.5的壓克力
織帶（長59）
中心
6
6
18
寬2的
壓克力
織帶
（長27）
提把
肩背帶A
本體
後片
（正面）
0.2
8
4
後片補強布（正面）
0.5
暫時固定
1
縫合0.2
1
1摺疊
肩背帶B
車縫
6
6
3
寬2.5的
壓克力織帶
（長35）
中心
0.5
1
1
車縫

3. 製作本體

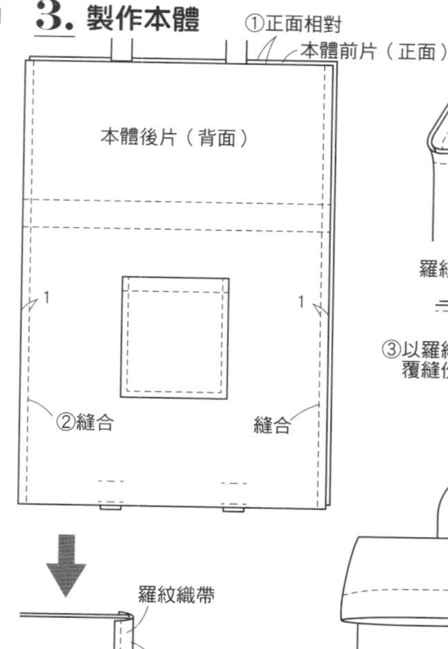

①正面相對
本體前片（正面）
本體後片（背面）
1
1
②縫合
縫合

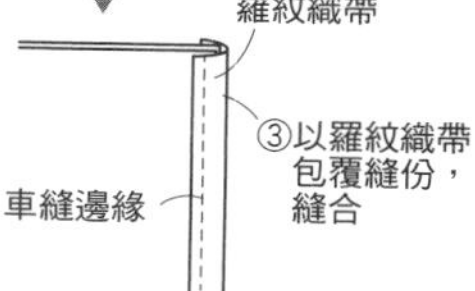

羅紋織帶
③以羅紋織帶
包覆縫份，
縫合
車縫邊緣

4. 加上底部

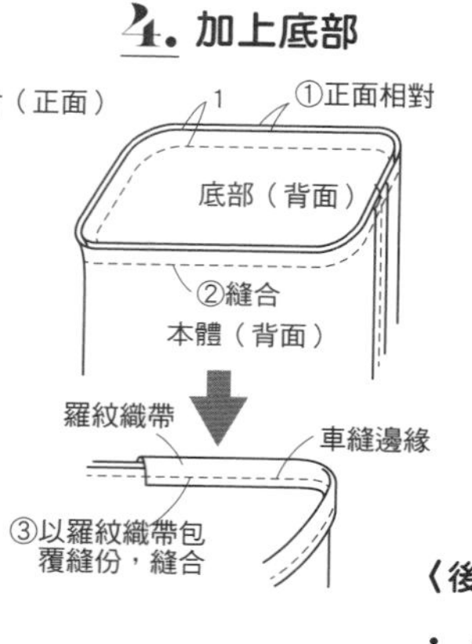

1
①正面相對
底部（背面）
②縫合
本體（背面）
羅紋織帶
車縫邊緣
③以羅紋織帶包
覆縫份，縫合

5. 摺袋口，縫合

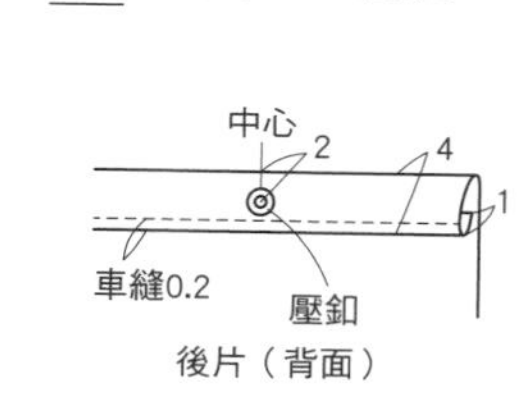

中心
2
4
1
車縫0.2
壓釦
後片（背面）

完成圖

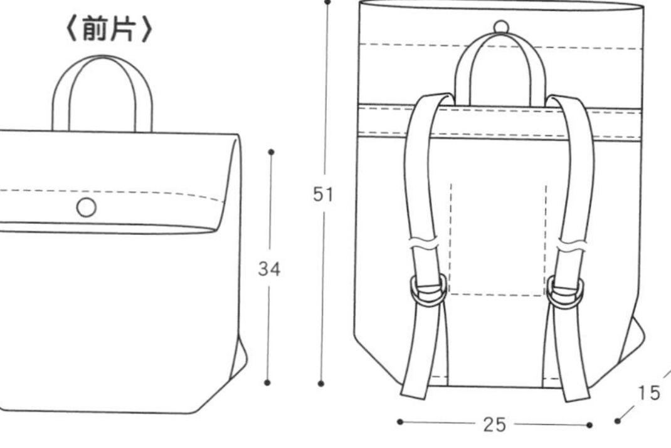

〈後方〉
〈前片〉
34
51
25
15

8. *Mini Tetra Bag*

三角迷你包

[Photo] — p.19

材料

調色盤帆布…70×30cm
灰色棉布…70×25cm
布襯…1.5×44cm
長18.5cm的拉鍊…1條

完成尺寸

高約17×底部一邊20cm
（不含提把）

原寸紙型

A面…表袋、裡袋

裁布圖

※單位為cm，已含縫份
※提把在布料上直接畫線裁剪

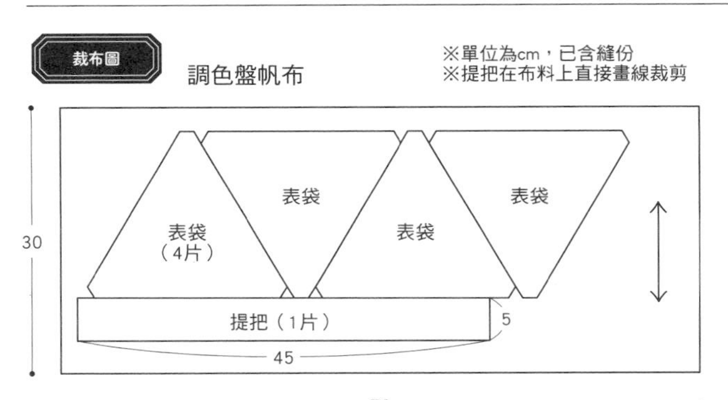
調色盤帆布
表袋
（4片）
表袋
表袋
表袋
提把（1片）
5
45
30
70

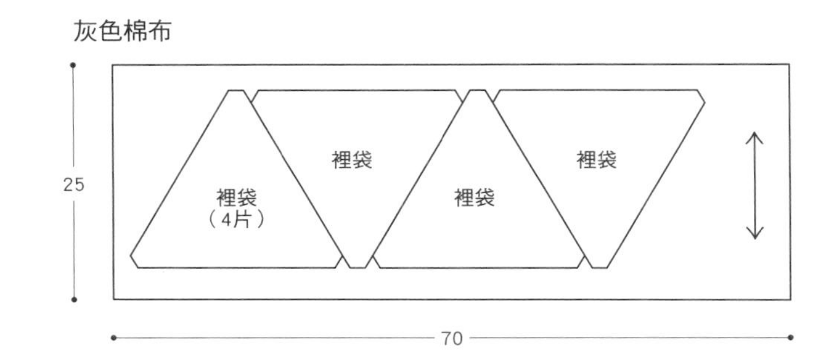
灰色棉布
裡袋
（4片）
裡袋
裡袋
裡袋
25
70

作法

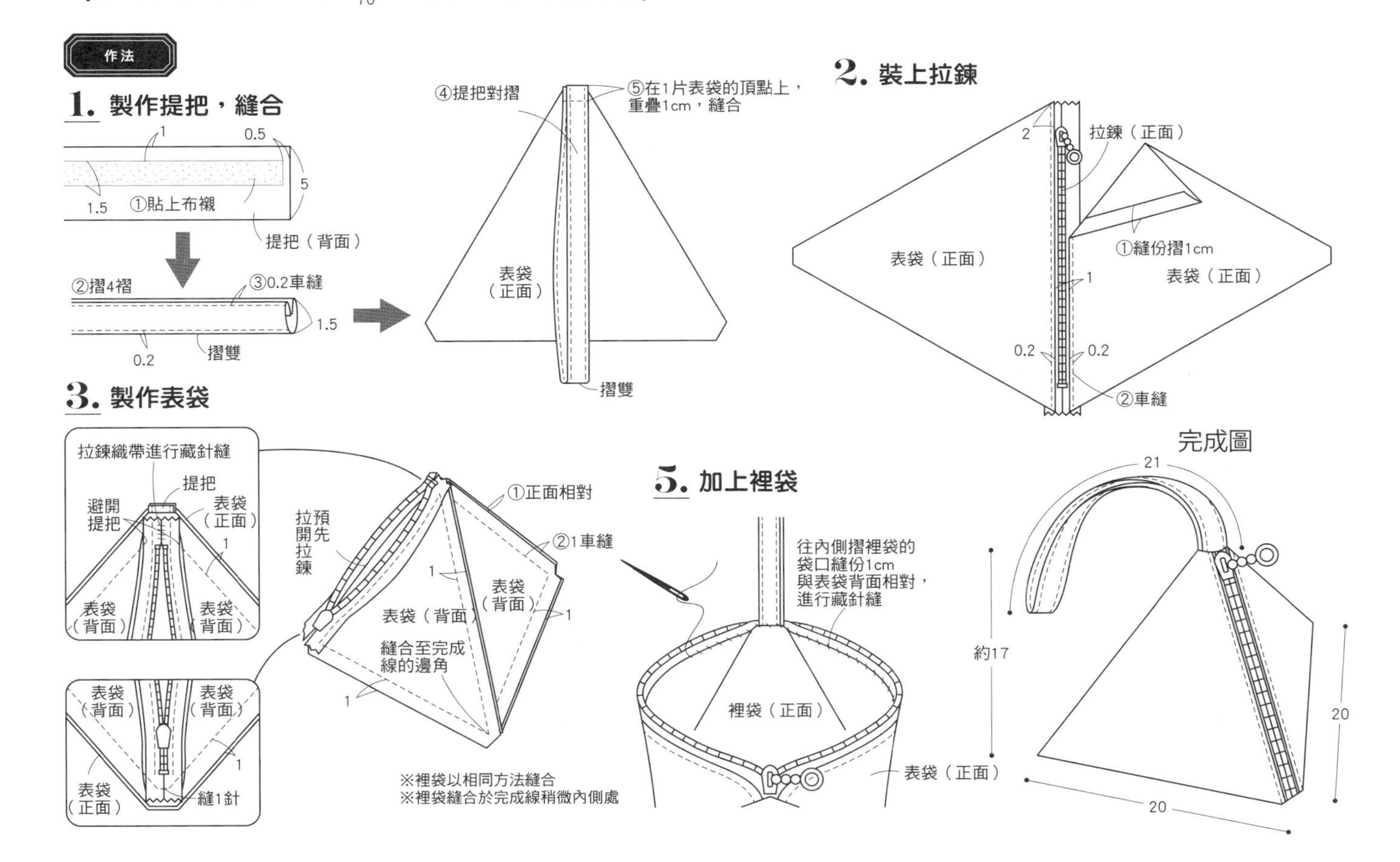
1. 製作提把，縫合
1
0.5
5
1.5
①貼上布襯
提把（背面）
②摺4摺
③0.2車縫
1.5
0.2
摺雙
④提把對摺
⑤在1片表袋的頂點上，
重疊1cm，縫合
表袋
（正面）
摺雙
2. 裝上拉鍊
2
拉鍊（正面）
①縫份摺1cm
表袋（正面）
表袋（正面）
1
0.2
0.2
②車縫
3. 製作表袋
拉鍊織帶進行藏針縫
提把
避開
提把
表袋
（正面）
1
表袋
（背面）
表袋
（背面）
表袋
（背面）
表袋
（背面）
1
表袋
（正面）
縫1針
①正面相對
②1車縫
拉預
開先
拉
鍊
1
表袋
（背面）
表袋（背面）
1
縫合至完成
線的邊角
1
※裡袋以相同方法縫合
※裡袋縫合於完成線稍微內側處
5. 加上裡袋
往內側摺裡袋的
袋口縫份1cm
與表袋背面相對，
進行藏針縫
裡袋（正面）
表袋（正面）
完成圖
21
約17
20
20

14. Reversible Clutch Bag

雙面兩用肩背手提包

[Photo] — p.28

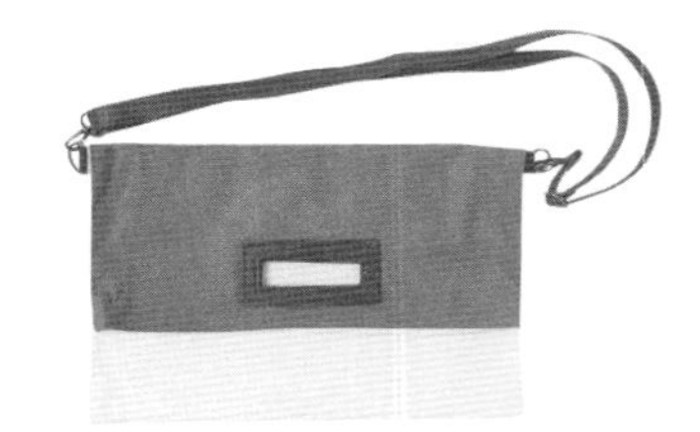

材料

調色盤帆布
（灰色・淡黃色）…各50×50cm
灰色棉布…50×92cm
寬2.5cm的皮革帶…6cm×2條
寬2cm的皮革帶…150cm
外徑12.3×6cm（內徑9×2.5cm）
皮革提把…1組
內徑2.5cm的D形環…2個
內徑2cm的字環…1個
內徑2cm的鋅鉤

完成尺寸

寬39×高26cm

原寸紙型

B面…表袋A・B、裡袋

裁布圖

表袋A 灰色
表袋B 淡黃色

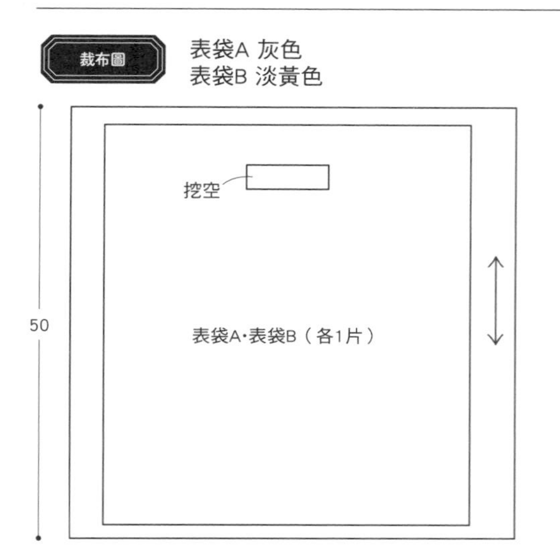

挖空
表袋A·表袋B（各1片）
50
50

裡袋 灰色棉布

※單位為cm，已含縫份

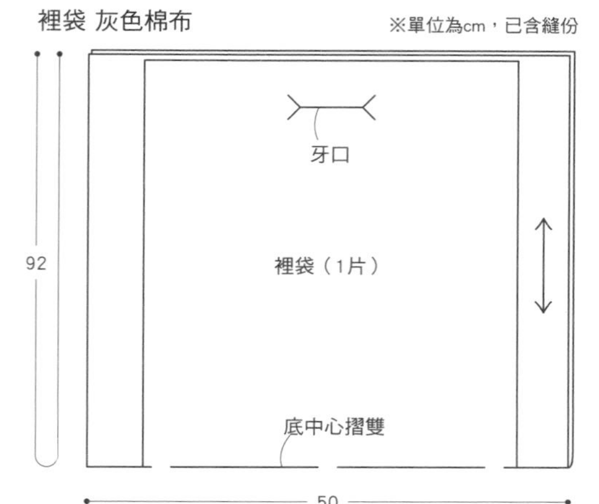

牙口
裡袋（1片）
92
底中心摺雙
50

作法

1. 製作D形環釦絆

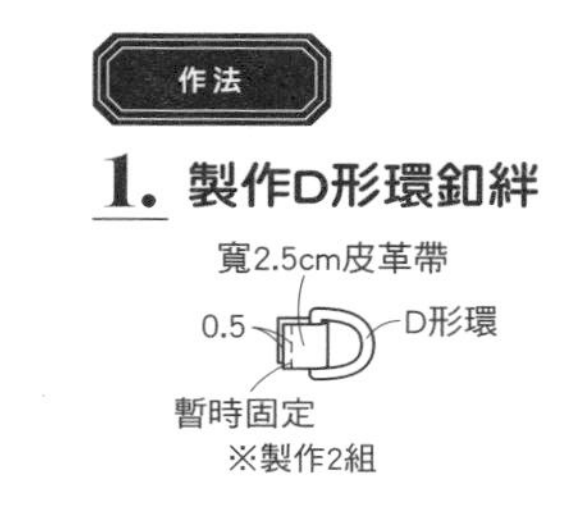

寬2.5cm皮革帶
0.5
D形環
暫時固定
※製作2組

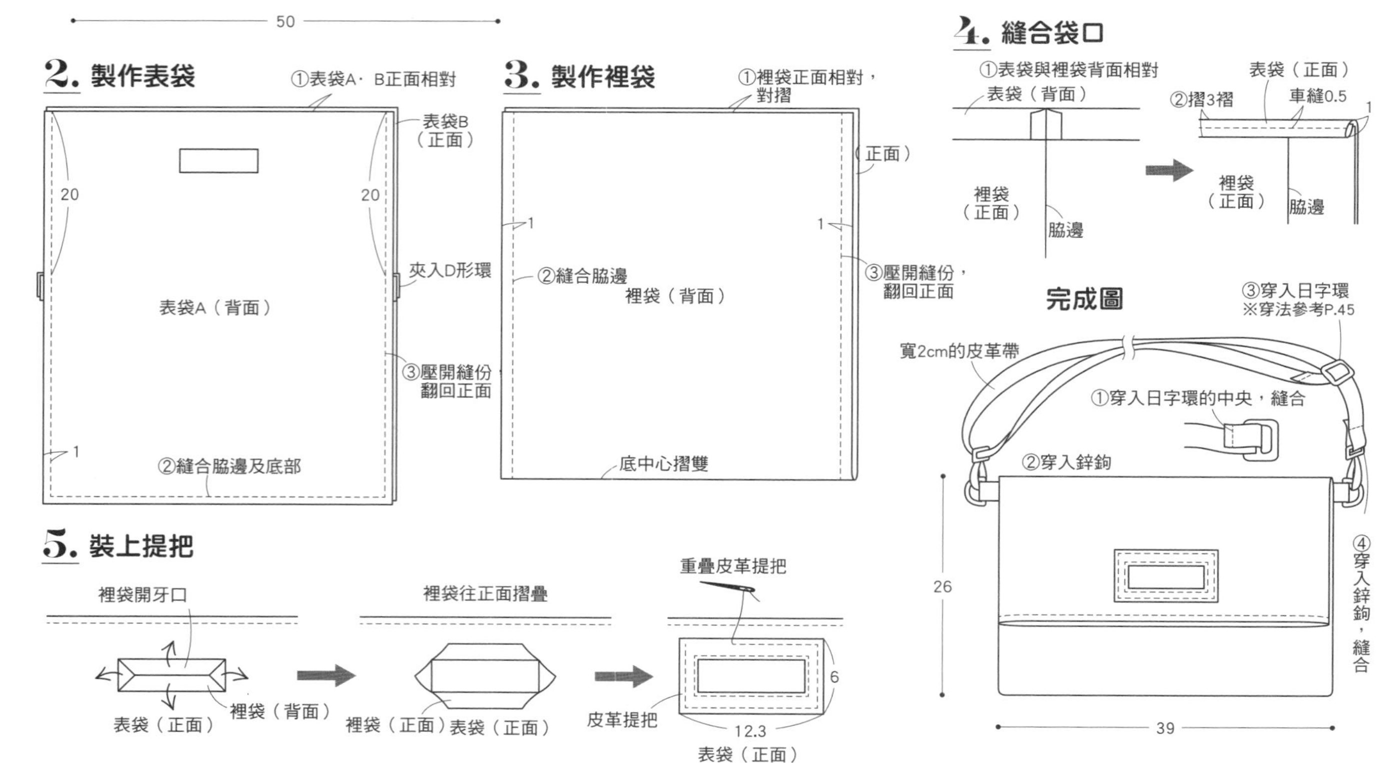

2. 製作表袋
①表袋A・B正面相對
表袋B（正面）
20
20
夾入D形環
表袋A（背面）
③壓開縫份翻回正面
1
②縫合脇邊及底部
3. 製作裡袋
①裡袋正面相對，對摺
正面
1
1
②縫合脇邊
裡袋（背面）
③壓開縫份，翻回正面
底中心摺雙
4. 縫合袋口
①表袋與裡袋背面相對
表袋（背面）
裡袋（正面）
脇邊
表袋（正面）
②摺3褶
車縫0.5
1
裡袋（正面）
脇邊
完成圖
③穿入日字環
※穿法參考P.45
寬2cm的皮革帶
①穿入日字環的中央，縫合
②穿入鋅鉤
④穿入鋅鉤，縫合
26
39
5. 裝上提把
裡袋開牙口
表袋（正面）
裡袋（背面）
裡袋往正面摺疊
裡袋（正面）
表袋（正面）
重疊皮革提把
皮革提把
6
12.3
表袋（正面）

20. Clutch Bag

手拿肩背兩用包

[Photo] — p.36

材料

人工皮革…45×120cm
棉布…40×120cm
長度34cm的拉鍊…1條
寬32cm的合成皮帶…150cm
內徑2cm的D形環… 2個
內徑2cm的日字環…1個
內徑2cm的鋅鉤…2個

完成尺寸

寬 35×高32 cm
（摺疊時的狀態）

原寸紙型

無。在布料上直接畫線裁剪

裁布圖

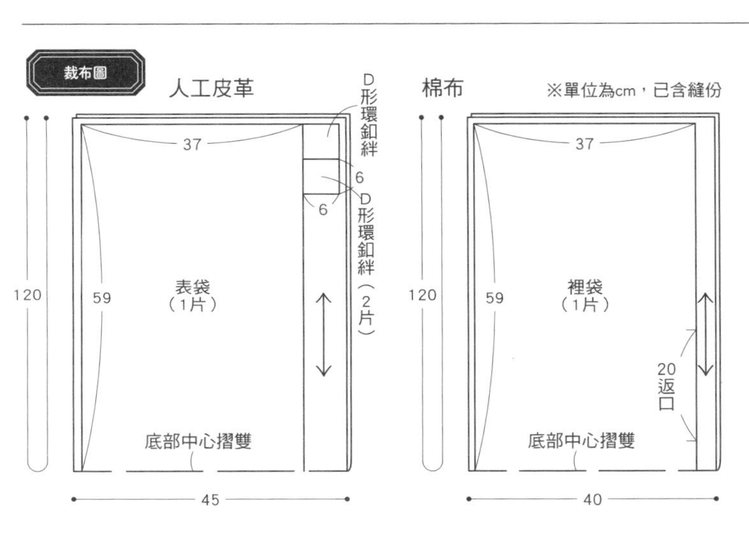

人工皮革
棉布
※單位為cm，已含縫份
37
6
6
D形環釦絆
D形環釦絆（2片）
120
59
表袋（1片）
底部中心摺雙
45
37
120
59
裡袋（1片）
20返口
底部中心摺雙
40

作法

1. 製作D形環釦絆

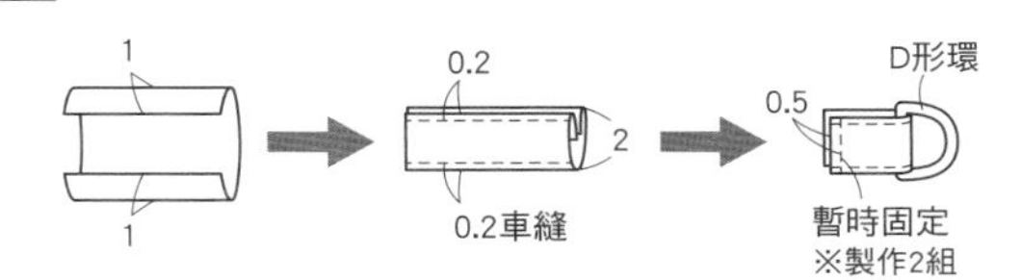

1
1
0.2
2
0.2車縫
0.5
D形環
暫時固定
※製作2組

2. 製作肩背帶

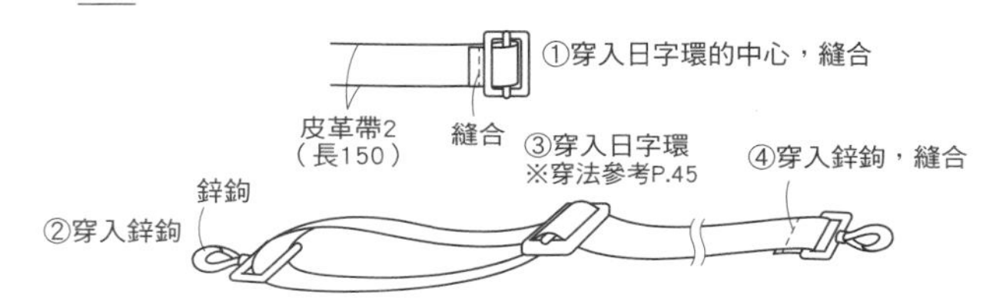

①穿入日字環的中心，縫合
皮革帶2（長150）
縫合
③穿入日字環
※穿法參考P.45
④穿入鋅鉤，縫合
鋅鉤
②穿入鋅鉤

3. 加上拉鍊

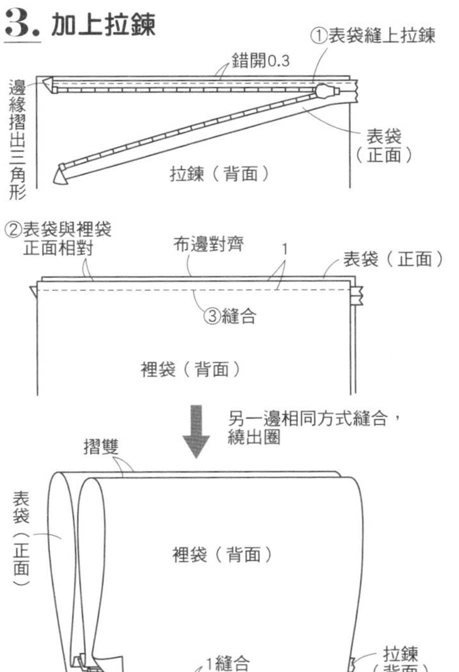

①表袋縫上拉鍊
錯開0.3
邊緣摺出三角形
表袋（正面）
拉鍊（背面）
②表袋與裡袋正面相對
布邊對齊
1
表袋（正面）
③縫合
裡袋（背面）
另一邊相同方式縫合，繞出圈
摺雙
表袋（正面）
裡袋（背面）
1縫合
拉鍊（背面）
錯開0.3
對齊布邊

4. 表袋與表袋、裡袋與裡袋正面相對，縫合脇邊

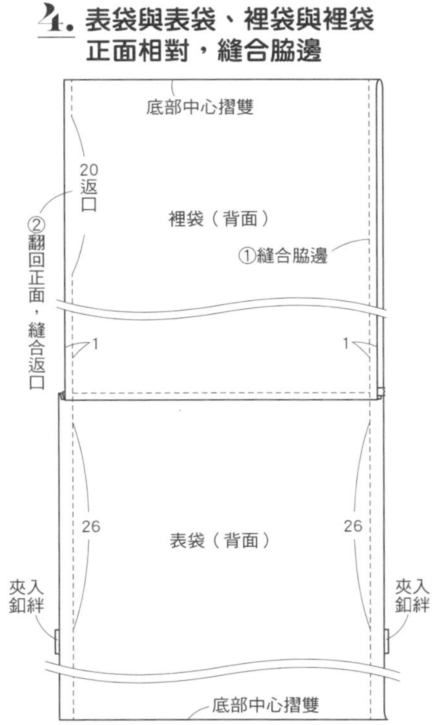

底部中心摺雙
20返口
裡袋（背面）
①縫合脇邊
②翻回正面，縫合返口
1
1
26
26
表袋（背面）
夾入釦絆
夾入釦絆
底部中心摺雙

完成圖

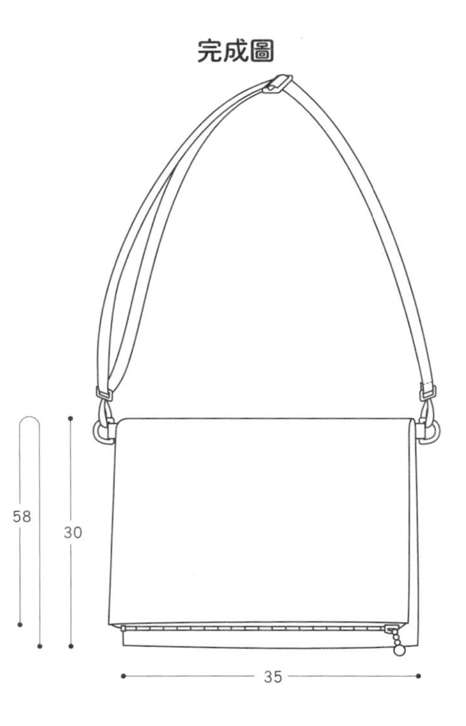

58
30
35

5.

Boa Fleece Hand Bag

毛絨絨手提包

[Photo] — p.14

材料

毛皮布料…110×55cm
聚酯纖維布料…110×55cm

完成尺寸

寬 42×高50cm（含提把）

原寸紙型

A面…表袋、裡袋

裁布圖

表袋 毛皮布料
裡袋聚酯纖維布料

※單位為cm，已含縫份

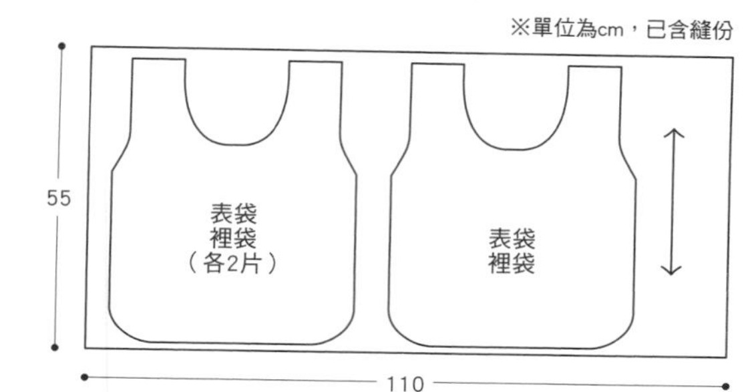
55
表袋
裡袋
（各2片）
表袋
裡袋
110

作法

1. 縫合提把上緣

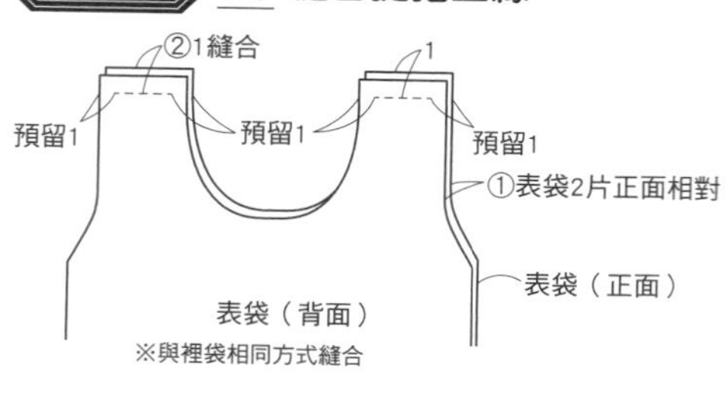
②1縫合
1
預留1
預留1
預留1
①表袋2片正面相對
表袋（正面）
表袋（背面）
※與裡袋相同方式縫合

2. 縫合提把內側

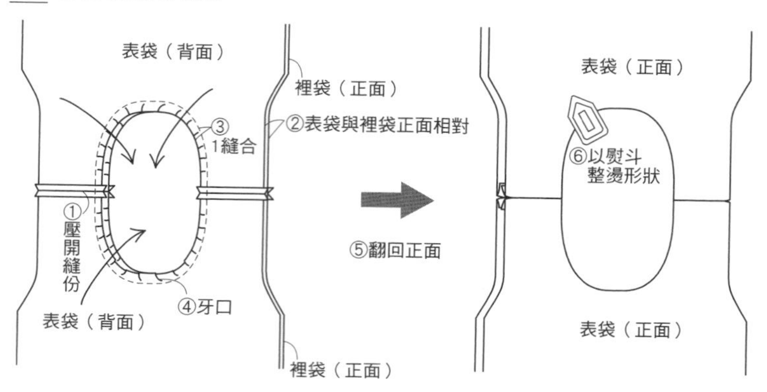
表袋（背面）
裡袋（正面）
③
1縫合
②表袋與裡袋正面相對
①壓開縫份
④牙口
表袋（背面）
裡袋（正面）
⑤翻回正面
表袋（正面）
⑥以熨斗
整燙形狀
表袋（正面）

3. 縫合提把外側

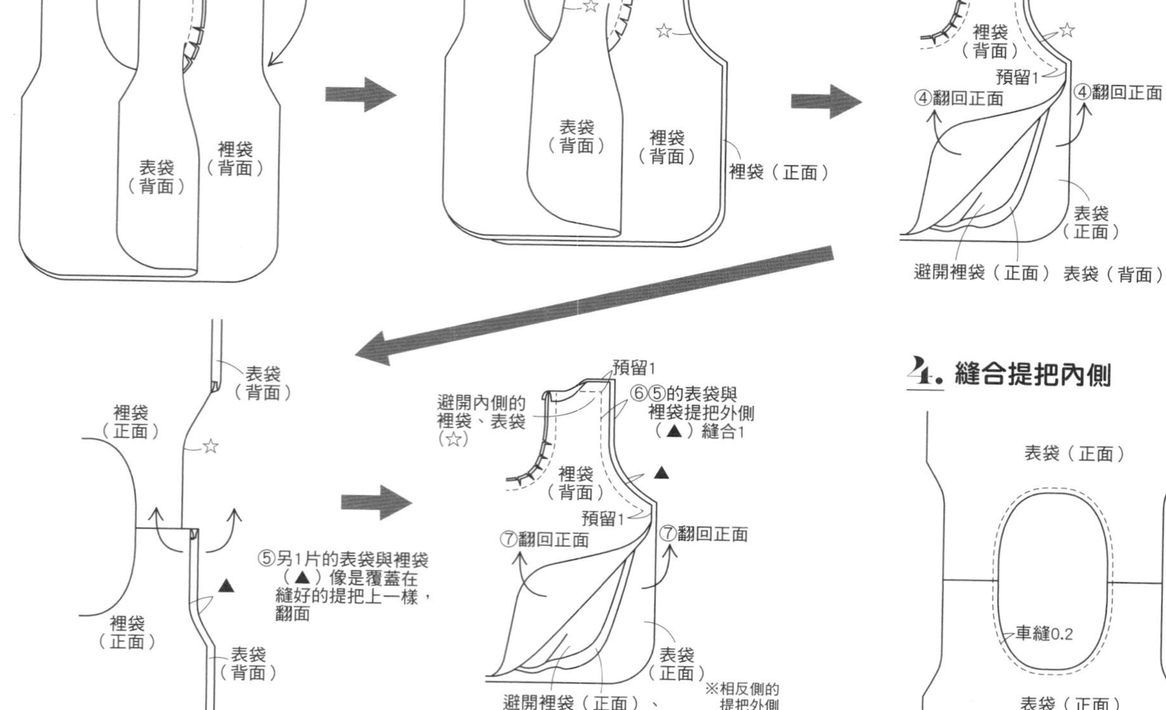
表袋
（背面）
裡袋
（背面）
①表袋暫時打開，
摺疊上緣，
裡袋正面相對
表袋
（背面）
裡袋
（背面）
②前方表袋與前方
裡袋的提把外側
（☆）正面相對
表袋
（背面）
裡袋
（背面）
裡袋（正面）
避開內側的裡袋、
表袋的縫份
預留1
③②先方表袋與裡袋
的提把外側（☆）縫合1
裡袋
（背面）
預留1
④翻回正面
④翻回正面
表袋
（正面）
避開裡袋（正面）
表袋（背面）
表袋
（背面）
裡袋
（正面）
裡袋
（正面）
表袋
（背面）
⑤另1片的表袋與裡袋
（▲）像是覆蓋在
縫好的提把上一樣，
翻面
預留1
避開內側的
裡袋、表袋
（☆）
⑥⑤的表袋與
裡袋提把外側
（▲）縫合1
裡袋
（背面）
預留1
⑦翻回正面
⑦翻回正面
表袋
（正面）
避開裡袋（正面）、
表袋（背面）
※相反側的
提把外側
以相同方式縫合

4. 縫合提把內側

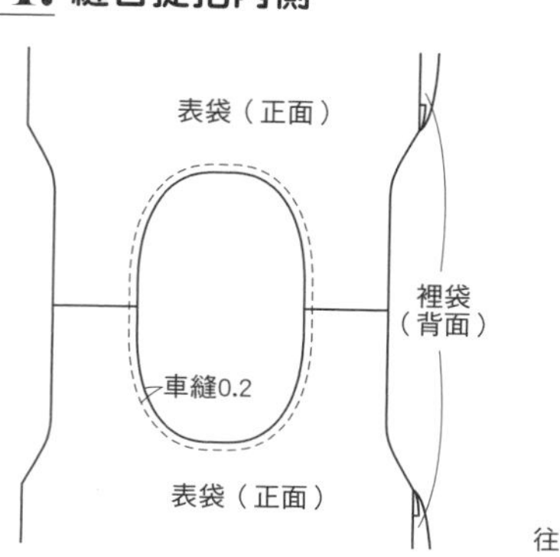
表袋（正面）
裡袋
（背面）
車縫0.2
表袋（正面）

往下頁➡

19. Boa Fleece Drawstring Bag

毛絨絨束口袋

[Photo] —— p.35

材料

毛皮布料…110×35cm
印花棉布…110×30cm
貼布襯…20×20cm
寬0.4cm的繩子

完成尺寸

高 26× 底部直徑19cm

原寸紙型

B面…表袋、底部

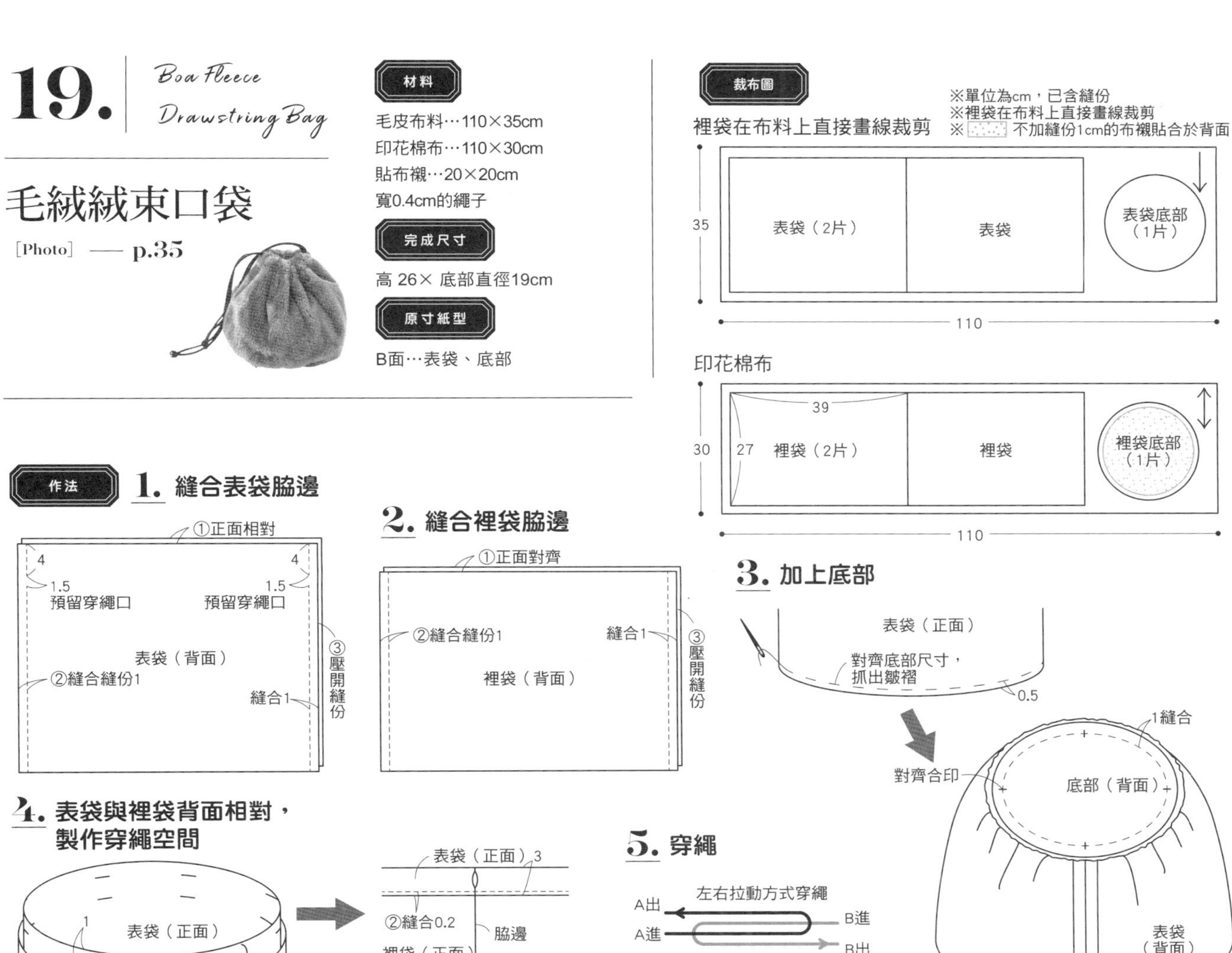

裁布圖
裡袋在布料上直接畫線裁剪
※單位為cm，已含縫份
※裡袋在布料上直接畫線裁剪
※ 不加縫份1cm的布襯貼合於背面
35
表袋（2片）
表袋
表袋底部（1片）
110
印花棉布
30
39
27
裡袋（2片）
裡袋
裡袋底部（1片）
110
作法
1. 縫合表袋脇邊
①正面相對
4
4
1.5
1.5
預留穿繩口
預留穿繩口
表袋（背面）
②縫合縫份1
縫合1
③壓開縫份
2. 縫合裡袋脇邊
①正面對齊
②縫合縫份1
縫合1
裡袋（背面）
③壓開縫份
3. 加上底部
表袋（正面）
對齊底部尺寸，抓出皺褶
0.5
1縫合
對齊合印
底部（背面）
表袋（背面）
※裡袋也以相同方式製作

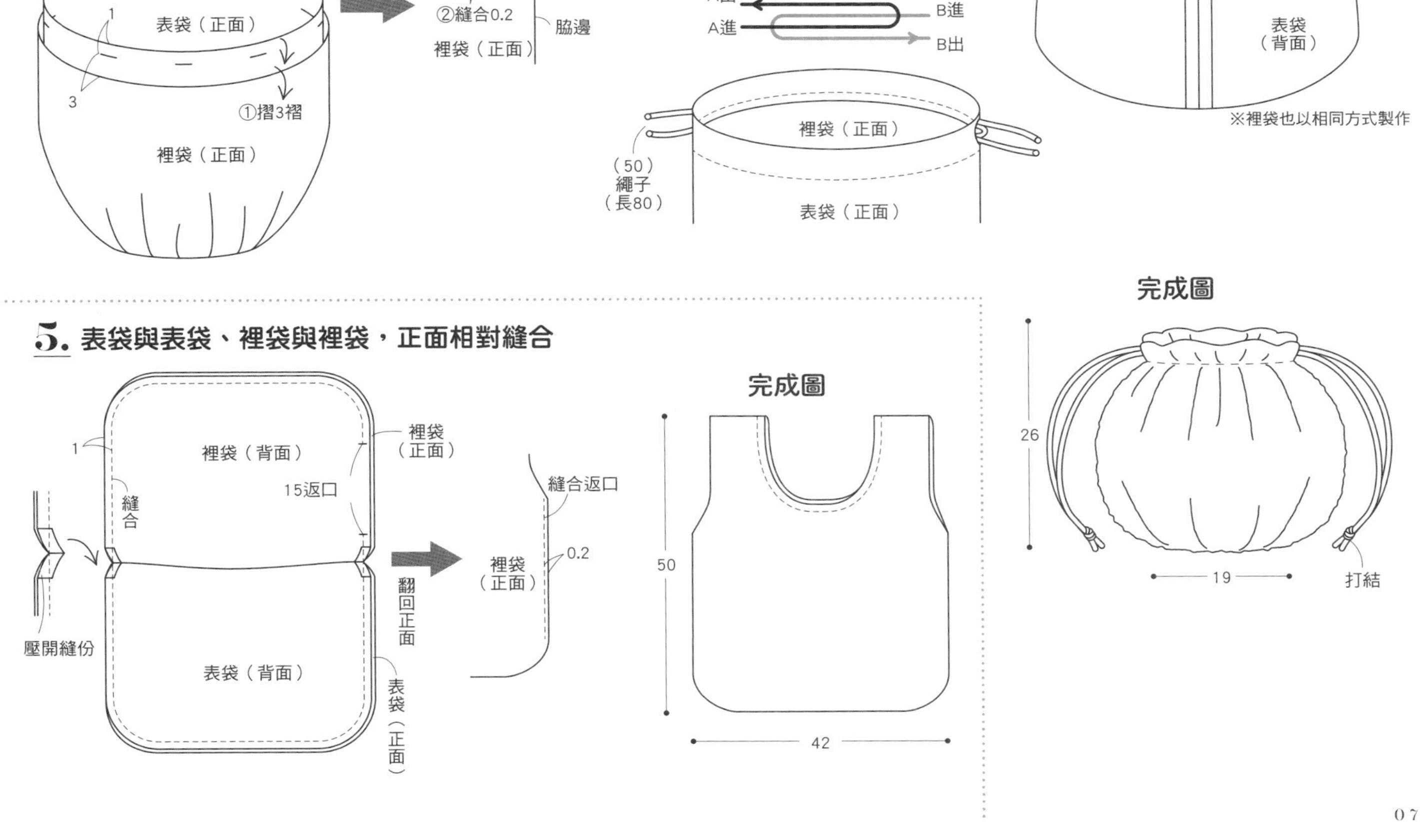

4. 表袋與裡袋背面相對，製作穿繩空間
表袋（正面）
1
3
①摺3摺
裡袋（正面）
表袋（正面）3
②縫合0.2
脇邊
裡袋（正面）
5. 穿繩
左右拉動方式穿繩
A出
A進
B進
B出
裡袋（正面）
（50）繩子（長80）
表袋（正面）
5. 表袋與表袋、裡袋與裡袋，正面相對縫合
1
裡袋（背面）
裡袋（正面）
15返口
縫合
壓開縫份
翻回正面
表袋（背面）
表袋（正面）
縫合返口
裡袋（正面）
0.2
完成圖
50
42
完成圖
26
19
打結

【FUN手作】141
好穿搭！減壓手作隨身包

授　　權／もりのがっこう 後藤麻美
譯　　者／楊淑慧
發 行 人／詹慶和
執行編輯／黃璟安
編　　輯／蔡毓玲・劉蕙寧・陳姿伶
執行美編／周盈汝
美術編輯／陳麗娜・韓欣恬
排　　版／造極彩色印刷製版
出 版 者／雅書堂文化事業有限公司
發 行 者／雅書堂文化事業有限公司
郵政劃撥帳號／18225950
郵政劃撥戶名／雅書堂文化事業有限公司
地　　址／220新北市板橋區板新路206號3樓
電　　話／(02)8952-4078
傳　　真／(02)8952-4084
網　　址／www.elegantbooks.com.tw
電子郵件／elegant.books@msa.hinet.net

2020年12月初版一刷　定價380元

TSUKAIGATTE NO YOI ITSUMO NO BAG(NV80595)

Photographer:Yukari Shirai,Nobuhiko Honma
Original Japanese edition published in Japan by NIHON VOGUE Co., Ltd.
Traditional Chinese translation rights arranged with NIHON VOGUE Corp.
through Keio Cultural Enterprise Co., Ltd.

經銷／易可數位行銷股份有限公司
地址／新北市新店區寶橋路235巷6弄3號5樓
電話／(02)8911-0825
傳真／(02)8911-0801

國家圖書館出版品預行編目資料

好穿搭!我的減壓手作隨身包27選/後藤麻美著；楊淑慧譯. -- 初版. -- 新北市：雅書堂文化事業有限公司, 2020.12
　面；　公分. -- (Fun手作；141)
ISBN 978-986-302-562-7(平裝)

1.手提袋 2.手工藝

426.7　　109018551

PROFILE

もりのがっこう（森林學校） 後藤麻美

設計師、縫紉作家、2008年成立手作學校品牌「もりのがっこう」網路商店。育嬰假結束後，2014年以女性品牌重新出發。在minne、Creema、ZOZOTOWN平台販賣衣服及包包。以優良的縫紉技術搭配高級材質，打造讓人能長期愛用的作品。除了網路上的販售外，也參與實體店面及百貨公司的展覽。2016年在新宿伊勢丹。2017年在伊勢丹立川店。2017年在玉川高島屋設立櫃位。

本店Web　http://www.morigaku.jp
minne　https://minne.com/@morinogakkou
Creema　https://www.creema.jp/creator/373628
ZOZOTOWN　http://zozo.jp/shop/tokyotshirtst

STAFF

書籍設計	BLUE DESIGN COMPANY
攝影	白井由香里(封面照・作法流程） 本間伸彥(去背照）
妝髮造型	渡辺みゆき
描圖	株式会社ウエイド(手工藝製作部）
作法插圖	鈴木さかえ
作法校正	矢野年江
編輯協助	高井法子
編輯	加藤麻衣子

〔材料提供〕
クロバー株式会社
http://www.clover.co.jp

清原株式会社
https:／／www.kiyohara.co.jp／store

〔服裝・配件協助〕
SQUAIR
http://www.squair.me/ja

AndMesh
http://www.andmesh.com

もりのがっこう(全部的服裝）

HANDY
• EVERYDAY •
BAGS

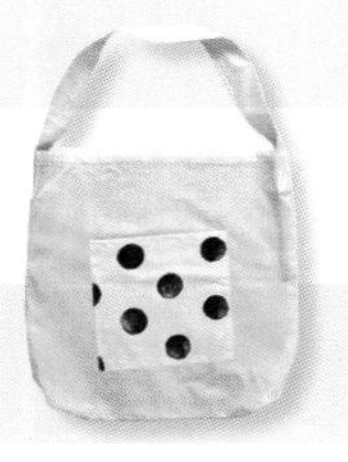

HANDY
• EVERYDAY •
BAGS

HANDY
• EVERYDAY •
BAGS

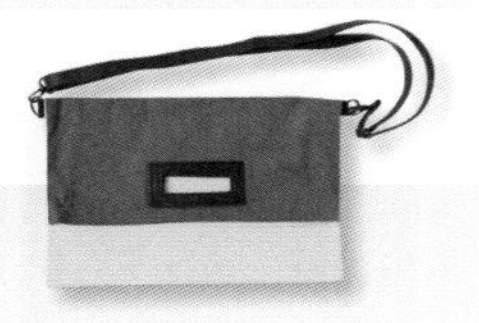

HANDY
• EVERYDAY •
BAGS